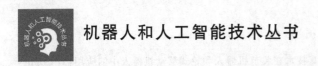

机器人和人工智能技术丛书

# CoppeliaSim 在机器人仿真中的应用实例

刘相权　秦宇飞　著

U0290986

北京邮电大学出版社
www.buptpress.com

# 内 容 简 介

本书全面介绍了 CoppeliaSim 的建模与仿真技术在关节机器人和轮式移动机器人中的应用；对 CoppeliaSim 的入门基础和基本操作进行了介绍；在搭建 UR5 六自由度关节机器人仿真环境的基础上，进行了 UR5 机器人的正运动学仿真和逆运动学仿真；对轮式移动机器人进行了运动学分析，并实现了对其的运动仿真控制；使用协作机器人、移动小车和视觉传感器等搭建了仿真场景，综合运用软件提供的各种仿真手段和方法，进行了车-臂复合型机器人视觉抓取综合实践；对 CoppeliaSim 二次开发接口进行了介绍。

为了便于理解，本书列举了大量应用实例，所有实例均在 CoppeliaSim 中调试通过，可以直接运行，且每个应用实例均给出了相应的源代码。本书适合教师讲授，易于学生阅读，在编写时力求做到通俗易懂，图文并茂。针对应用型本科院校学生的特点，在内容够用的基础上，突出实际应用。

本书可作为高等院校机器人工程、机械电子工程、机械工程、车辆工程等工科专业的本科生或研究生教材，也可供广大从事机器人开发的工程技术人参考。

**图书在版编目(CIP)数据**

CoppeliaSim 在机器人仿真中的应用实例 / 刘相权，秦宇飞著 . -- 北京：北京邮电大学出版社，2023.2 (2024.7 重印)

ISBN 978-7-5635-6820-8

Ⅰ. ①C… Ⅱ. ①刘… ②秦… Ⅲ. ①机器人控制－系统仿真 Ⅳ. ①TP273

中国版本图书馆 CIP 数据核字(2022)第 242427 号

策划编辑：刘纳新　姚　顺　责任编辑：姚　顺　陶　恒　责任校对：张会良　封面设计：七星博纳

出版发行：北京邮电大学出版社
社　　　址：北京市海淀区西土城路 10 号
邮政编码：100876
发 行 部：电话：010-62282185　传真：010-62283578
E-mail：publish@bupt.edu.cn
经　　销：各地新华书店
印　　刷：河北虎彩印刷有限公司
开　　本：787 mm×1 092 mm　1/16
印　　张：16.25
字　　数：405 千字
版　　次：2023 年 2 月第 1 版
印　　次：2024 年 7 月第 2 次印刷

ISBN 978-7-5635-6820-8　　　　　　　　　　　　　　　　　　　　　　定价：49.00 元

# 前　　言

　　著名的机器人公司,如 ABB、KUKA 和 FANUC 均有自己的仿真软件用于支持自家的品牌机器人,而 CoppeliaSim 属于通用机器人仿真系统,是全球领先的机器人及模拟自动化软件平台。CoppeliaSim 是一款基于物理引擎的动力学模拟软件,是机器人仿真器里的"瑞士军刀",其拥有丰富的功能、特色和详尽的应用编程接口,和美国 MSC 公司的 ADAMS、韩国的 Recurdyn 类似,属于多体动力学软件。

　　VREP 于 2019 年年底正式更名为 CoppeliaSim。CoppeliaSim 软件使用范围广泛,可以应用于工厂自动化系统的仿真、远程监控、硬件控制、快速成型和验证、安全监测、快速算法开发、机器人教学、产品演示等各种领域。本书以 CoppeliaSim 为平台,结合作者多年的科研实践和相关教学改革成果积累而成,以实例为主线,内容由浅入深,循序渐进地介绍了 CoppeliaSim 的功能和操作步骤,图文并茂,便于读者阅读和学习。

　　本书全面介绍了 CoppeliaSim 的建模与仿真技术在关节机器人和轮式移动机器人中的应用,内容涉及机器人仿真环境搭建、机器人仿真运动控制、机器人视觉伺服跟踪、移动机器人仿真环境搭建、移动机器人运动控制、车-臂复合型机器人视觉抓取综合实践、CoppeliaSim 二次开发等方面。针对机器人实践教学中存在的设备成本高昂、学生操作机会不足、操作危险、创新能力培养困难等问题,提供了 CoppeliaSim 在机器人教学中可以实现的仿真应用,以及相应的教学资源,以促进学生实践能力的提高,提升学生的就业竞争力。

　　本书由北京信息科技大学刘相权、秦宇飞撰写。其中第 1 章、第 3 章、第 4 章、第 5 章由刘相权撰写,第 2 章、第 6 章、第 7 章、第 8 章由秦宇飞撰写,全书由刘相权统稿。

　　作者在撰写本书的过程中参阅了大量的相关教材和专著,也在网上查找了很多资料,在此向各位作者表示感谢!

　　由于作者水平有限,书中不足、疏漏之处在所难免,恳请广大读者批评、指正。

作　者

# 目　　录

# 第1章 CoppeliaSim 入门基础

## 1.1 CoppeliaSim 简介

VREP(Virtual Robot Experimentation Platform,虚拟机器人实验平台)是全球领先的机器人及模拟自动化软件平台。VREP 已于 2019 年年底正式更名为 CoppeliaSim。CoppeliaSim 软件是一款基于分布式控制架构,具有集成开发环境的机器人仿真器,与VREP 完全兼容,运行速度更快,并且具有比 VREP 更多的功能,它与美国 MSC 公司的ADAMS、韩国的 Recurdyn 类似,属于多体动力学软件,是基于物理引擎的动力学模拟软件。

CoppeliaSim 是机器人仿真器里的"瑞士军刀",其拥有更多功能、更多特色、更详尽的应用编程接口。CoppeliaSim 的主要特色如下。

(1) 跨平台(Windows、MacOS、Linux);

(2) 6 种编程方法(嵌入式脚本、插件、附加组件、ROS 例程、远程客户端应用程序编程接口、BlueZero 例程);

(3) 5 种编程语言(C/C++、Python、Java、Lua 和 Octave);

(4) 超过 400 种不同的应用编程接口函数;

(5) 4 种物理引擎(ODE、Bullet、Vortex、Newton);

(6) 集成射线追踪仪(POV-Ray);

(7) 完整的运动学解算器(对于任何机构的逆运动学和正运动学求解);

(8) 网格、OC 树、点云-网孔干扰检测;

(9) 网格、OC 树、点云-网孔最短距离计算;

(10) 路径规划(在 2~6 维中的完整约束或非完整约束);

(11) 嵌入图像处理的视觉传感器(完全可扩展);

(12) 现实的接近觉传感器(在检测区域中的最短距离计算);

(13) 嵌入式的定制用户界面,包括编辑器;

(14) 完全集成的第四类 Reflexxes 运动库＋RRS-1 接口规范;

(15) 数据记录与可视化(时距图、X／Y 图或三维曲线);

(16) 整合图形编辑模式;

(17) 支持水/气体喷射的动态颗粒仿真;

(18) 带有模拟功能的模型浏览器(在仿真中依旧可行);

（19）多层取消/重做、影像记录、油漆的仿真、详尽的文档等。

CoppeliaSim 软件使用范围广泛，可以应用于工厂自动化系统的仿真、远程监控、硬件控制、快速成型和验证、安全监测、快速算法开发、机器人教学、产品演示等各个领域。该软件中包含众多机器人公司提供的机器人模型，如图 1-1 所示，经过简单的操作就可以看到仿真效果。此外，还可以通过 Solidworks、AutoCAD 等三维绘图软件绘制符合需求的模型，再转换成 stl 文件导入 CoppeliaSim。

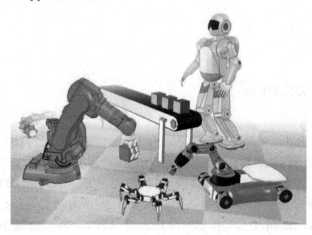

图 1-1　CoppeliaSim 场景

用户可以在 CoppeliaSim 官方网站下载软件安装包，下载地址如下：https://www.coppeliarobotics.com/downloads。

如图 1-2 所示，CoppeliaSim 分 player、edu、pro 3 种版本，其中 player 版本有完整的模拟功能，但编辑功能不全；edu 版本有完整的模拟和编辑功能，功能齐全且免费，但只能用来学习，不能用作商业用途；pro 版本是收费版本，有完整的模拟和编辑功能，可以商用。我们选择 edu 版本下载，然后根据指示安装，安装过程较为简单；本书使用的版本是 4.1.0。

图 1-2　软件下载界面

软件安装完成后,本机自动安装一个离线帮助文档 wb_tree.html,其默认安装目录为 C:\Program Files\CoppeliaRobotics\CoppeliaSimEdu\,如图 1-3 所示。

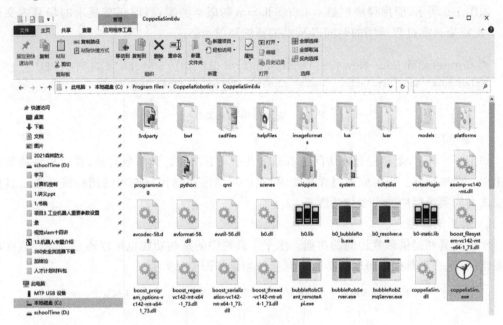

图 1-3　离线帮助文档

## 1.2　CoppeliaSim 操作界面

启动 CoppeliaSim 软件后,进入操作界面,如图 1-4 所示。

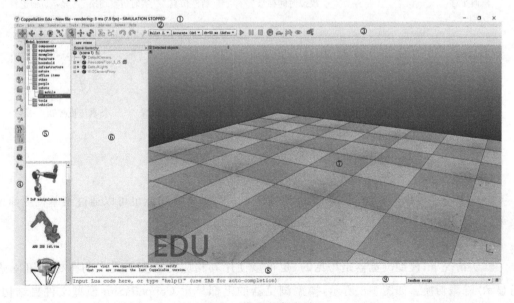

图 1-4　软件操作界面

下面简要介绍操作界面的组成。

1）应用程序栏

如图 1-5 所示，应用程序栏显示 CoppeliaSim 的版本类型，当前正在显示的场景的文件名，一次渲染显示过程所用的时间以及模拟器的当前状态。

CoppeliaSim Edu - New file - rendering: 1 ms (8.0 fps) - SIMULATION STOPPED

File　Edit　Add　Simulation　Tools　Plugins　Add-ons　Scenes　Help

图 1-5　应用程序栏和菜单栏

2）菜单栏

如图 1-5 所示，菜单栏允许访问仿真器的几乎所有功能。大多数时候，菜单栏中的菜单会激活一个对话框。也可以通过弹出菜单、双击场景层次结构视图中的图标或单击工具栏按钮来访问菜单栏中的大多数功能。

3）水平工具栏

水平工具栏提供经常访问的功能。水平工具栏中的某些功能也可以通过菜单栏或弹出菜单访问，水平工具栏中每个图标按钮对应的功能如图 1-6 所示。

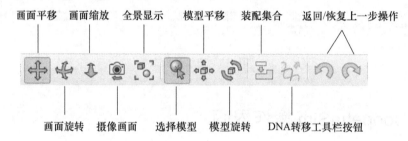

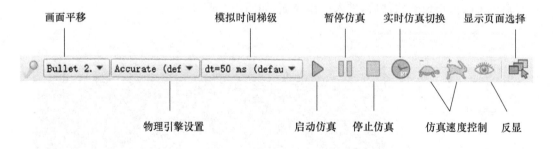

图 1-6　水平工具栏图标按钮对应的功能

4）竖直工具栏

竖直工具栏提供经常访问的功能。竖直工具栏中的所有功能也可以通过菜单栏或弹出菜单访问。图 1-7 说明了每个工具栏按钮的功能。

5）模型浏览器

默认情况下，模型浏览器是可见的，也可以使用其相应的竖直工具栏的图标按钮 进行显示/隐藏切换。如图 1-8 所示，模型浏览器的上部显示 CoppeliaSim 模型文件夹结构，而下部显示所选文件夹中包含的模型缩略图。可以将模型缩略图拖放到显示窗口中以自动

加载相关模型。多数情况下,需要的仿真模型都可以在 CoppeliaSim 自带的模型浏览器中
找到。

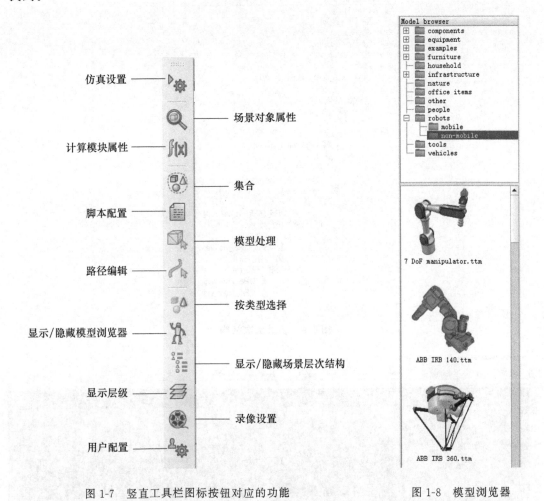

图 1-7　竖直工具栏图标按钮对应的功能　　　　　图 1-8　模型浏览器

6)场景层次结构

默认情况下,场景层次结构是可见的,但可以使用其相应的竖直工具栏图标按钮 进
行显示/隐藏切换。如图 1-9 所示,场景层次结构显示组成场景的所有对象。由于场景对象
是按类似层次结构进行构建的,因此场景层次结构将显示层次结构树,并且各个元素都可以
展开或折叠。

双击对象名称可以对其进行重命名,双击对象名称左侧的图标可打开与单击的图标相
关的属性对话框。鼠标滚轮以及场景层次视图的滚动条的拖动允许向上/向下或向左/向右
移动内容。可以将场景层次结构中的对象拖放到另一个对象上,以创建父子关系。

7)显示窗口

CoppeliaSim 中将一个工程称为一个场景(scene),显示窗口是场景的主要查看界面,每
个场景默认打开的时候只有一页(page),我们可以通过选择水平工具栏中显示页面选择图
标按钮 来切换多个页面视图,如图 1-10 所示。例如如果需要同时看到一个场景的主视

图和俯视图,切换来切换去很不方便,但同时利用多个视图可以很方便地做到。

图 1-9　场景层次结构

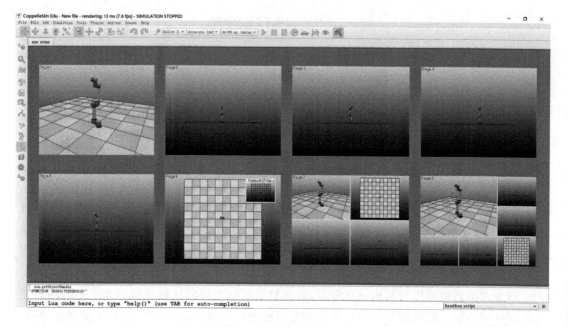

图 1-10　页面视图切换

8) 状态栏

如图 1-11 所示,默认情况下,状态栏仅显示两行,但可以使用其水平分隔手柄调整其大小。状态栏显示操作过程中的各种信息和提示,还显示来自 Lua 解释器的错误消息。用户还可以在脚本中使用 sim. addStatusbarMessage 函数将字符串输出到状态栏。

9）Lua 源码输入行

Lua 源码输入行将输入的源码文本添加到 CoppeliaSim 状态栏并执行，从而可以像在终端机中一样快速输入和执行 Lua 代码。

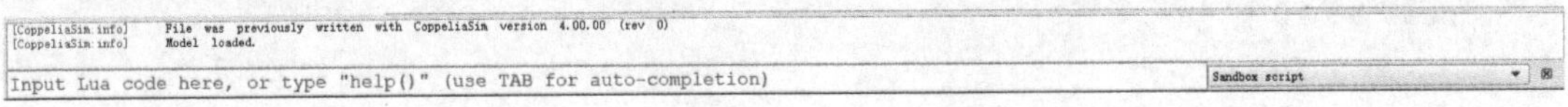

```
[CoppeliaSim info]    File was previously written with CoppeliaSim version 4.00.00 (rev 0)
[CoppeliaSim info]    Model loaded.

Input Lua code here, or type "help()" (use TAB for auto-completion)          Sandbox script    ▾  80
```

图 1-11　状态栏和 Lua 源码输入行

## 1.3　Lua 语言基础

CoppeliaSim 使用的语言是 Lua，Lua 是一种轻量小巧的脚本语言，用标准 C 语言编写而成并以源代码形式开放，几乎在所有操作系统和平台上都可以编译、运行。Lua 语言没有"main"函数的概念，所以不适合作为开发独立应用程序的语言，只能嵌入到应用程序中作为脚本使用，为应用程序提供灵活的扩展和定制功能。在目前所有的脚本引擎中，Lua 的运行速度最快，是作为嵌入式脚本的最佳选择。

**1. 词法约定及关键字**

在 Lua 中，可以使用单行注释和多行注释。单行注释中，连续两个减号"--"表示注释的开始，一直延续到行末为止，相当于 C++语言中的"//"。多行注释中，由"--[["开始注释，以"]]"结束注释，这种注释相当于 C 语言中的"/ * … * /"。

Lua 中的关键字，不可以用于变量名，关键字列举如下。

and　　break　　do　　else　　elseif　end　　false　　for　　function　if　　in
local　　nil　　not　　or　　repeat　　return　　then　　true　　until　while

另外，Lua 语言对大小写敏感，and 和 And 是不同的。语句之间可以用分号（;）隔开，也可以用空白隔开。

**2. 变量数据类型**

Lua 是动态类型的语言，不需要对变量进行类型定义，使用时只需要为变量赋值。值可以存储在变量中，可以进行参数传递或作为结果返回，Lua 中有 8 个基本数据类型，如表 1-1 所示。

表 1-1　Lua 中的 8 个基本数据类型

| 数据类型 | 类型描述 |
| --- | --- |
| nil | 空值：没有使用过的变量，表示一个无效值，在条件表达式中相当于 false |
| boolean | 布尔值：false 和 true |
| number | 数值：在 Lua 里，数值相当于 C 语言的 double |
| string | 字符串：由一对单引号或双引号来表示 |
| userdata | 用户数据：允许将 C 语言中的数据保存在 Lua 变量中。Lua 的宿主程序通常是用 C 语言编写的，userdata 可以是宿主程序的任意数据类型，常用的有 Struct 和指针 |
| function | 函数：自定义一个可调用的函数 |
| thread | 线程：表示一个独立的执行线程 |
| table | 关联数组，是 Lua 中唯一的数据结构，可以表示数组、序列、集合、图、树等 |

Lua 中的变量默认是全局变量,如果需要在语句块中使用局部变量,则在第一次赋值时,需要用 local 显式声明。另外,Lua 支持对多个变量同时赋值,例如:

```
-- 局部变量赋值
local a = 10
-- 全局变量赋值
b = 20
-- 多个变量同时赋值
c,d = 30,40
```

**3. 流程控制**

1) if 条件判断

```
if(布尔表达式)
then
    -- 在布尔表达式为 true 时执行的语句
end
```

2) if…else 条件判断

```
if(布尔表达式)
then
    -- 布尔表达式为 true 时执行该语句块
else
    -- 布尔表达式为 false 时执行该语句块
end
```

3) while 循环

```
while(condition)
do
    -- condition 为 true 时循环执行该语句块
end
```

4) for 循环

```
for var = exp1,exp2,exp3
do
    -- 当 var < = exp2 时循环执行该语句块
end
```

var 从 exp1 变化到 exp2,每次变化以 exp3 为步长递增 var,并执行一次语句块。exp3 是可选的,如果不指定,那么默认为 1。

5) repeat…until 循环

前面的 for 循环和 while 循环的条件语句在当前循环执行开始时判断,而 repeat…until 循环的条件语句在当前循环结束后判断。

```
repeat
    -- condition 为 true 时循环执行该语句块
until( condition )
```

**4. 与 C 语言的几点不同**

**1）语句块**

在 C 语言中语句块是用"{"和"}"括起来的,例如:

```
for var = exp1,exp2,exp3
{
    -- 当 var <= exp2 时循环执行该语句块
}
```

而在 Lua 语言中,语句块是用 do 和 end 括起来的,例如:

```
for var = exp1,exp2,exp3
do
    -- 当 var <= exp2 时循环执行该语句块
end
```

**2）赋值语句**

在 Lua 语言中,可以对多个变量同时赋值,例如:

```
a,b,c,d = 10,20,30,40
```

**3）数值计算**

除了 C 语言中的 +、-、* 、/ 以外,Lua 语言中增加了指数乘方次幂"^"的运算。例如:

```
a = 4^3
print(a)     -- 输出 64
```

**4）逻辑运算**

在 Lua 语言中,只有 nil 和 false 才计算为 false,其他任何数据都计算为 true。and 和 or 的运算结果和它的两个操作数相关。

a and b:如果 a 为 true,则返回 b;如果 a 为 false,则返回 a。

a or b:如果 a 为 true,则返回 a;如果 a 为 false,则返回 b。

例如:

```
print(10 and 20)        -- 输出 20
print(30 or 40)         -- 输出 30
```

# 1.4　UR5 机器人运动入门

Universal Robots(优傲机器人)公司成立于 2005 年,总部位于丹麦的欧登塞市,是一家引领协作机器人全新细分市场的先驱企业。该公司关注机器人的用户可操作性和灵活度,主要的机器人产品有:UR3、UR5 和 UR10,有效载荷分别为 3 kg、5 kg 和 10 kg。UR 机器人标准配置包括控制箱、机械臂、触摸屏以及图形用户界面。

UR5 机器人是优傲机器人公司在 2009 年推出的第一款协作机器人,体积小巧轻便,不仅颠覆了人们对于传统工业机器人的认识,还自此定义了"协作机器人"的真正意义。UR5 机器人安全易用,无须安全围栏就能够人机协同作业,并且具备编程简单和灵活度高的特点,能够即插即用,非常适合中小企业环境。

下面以 CoppeliaSim 软件模型库中的 UR5 为例对仿真操作进行简要介绍。

（1）启动计算机，运行 CoppeliaSim 软件，出现如图 1-12 所示的软件操作主界面，系统会自动创建一个新的场景。

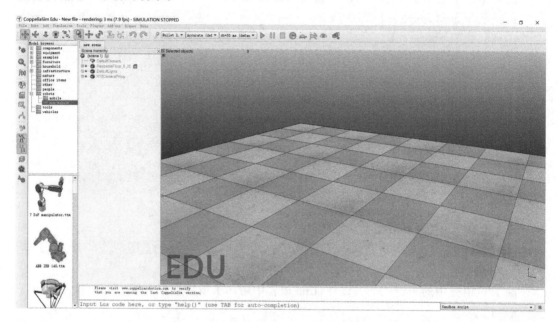

图 1-12　软件操作主界面

（2）如图 1-13 所示，在模型浏览器中的文件夹结构中依次选择"robots"→"non-mobile"，在模型浏览器中的下部显示固定机器人的模型缩略图，通过向下拉动滚动条，找到 UR5.ttm，将其拖放到显示窗口中以自动加载相关模型。

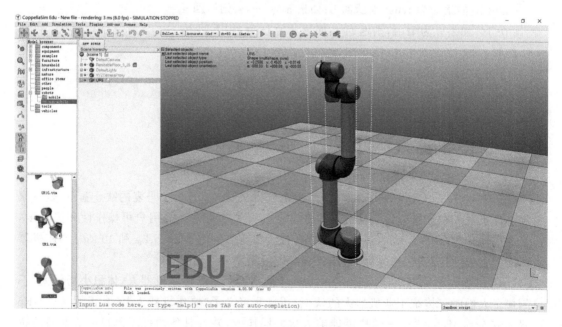

图 1-13　加载 UR5 机器人

在显示窗口,有 3 种最常用的操作:

① 按住鼠标左键进行拖动,对显示画面进行平移操作;

② 按住鼠标滚轮进行滚动,对显示画面进行缩放操作;

③ 按住鼠标中键进行旋转,对显示画面进行旋转操作。

(3) 单击水平工具栏中的"模型平移"图标按钮 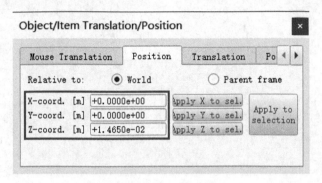,弹出"Object/Item Translation/Position"对话框,设置如图 1-14 所示。

图 1-14　移动 UR5 机器人

(4) 关闭"Object/Item Translation/Position"对话框。单击水平工具栏中的"启动仿真"图标按钮 ▷,观察机器人的运动,如图 1-15 所示,全部运动完成后,机器人回到初始零位置。

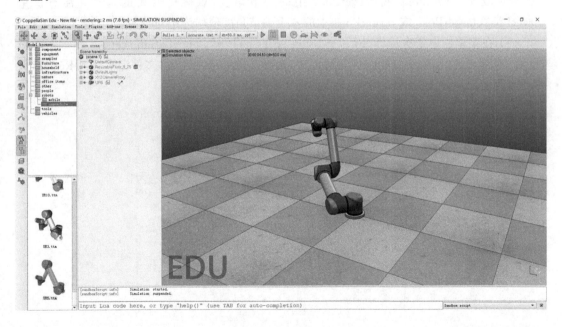

图 1-15　UR5 机器人运动

(5) 在场景层次结构中,双击 UR5 右侧的图标 ,弹出"Threaded child script(UR5)"对话框,如图 1-16 所示。

```
     -- This is a threaded script, and is just an example!

  function sysCall_threadmain()
     jointHandles={-1,-1,-1,-1,-1,-1}
     for i=1,6,1 do
         jointHandles[i]=sim.getObjectHandle('UR5_joint'..i)
     end

     -- Set-up some of the RML vectors:
     vel=180
     accel=40
     jerk=80
     currentVel={0,0,0,0,0,0,0}
     currentAccel={0,0,0,0,0,0,0}
     maxVel={vel*math.pi/180,vel*math.pi/180,vel*math.pi/180,vel*math.pi/180,vel*math.pi/180,vel*math.pi/180}
     maxAccel={accel*math.pi/180,accel*math.pi/180,accel*math.pi/180,accel*math.pi/180,accel*math.pi/180,accel*math.pi/180}
     maxJerk={jerk*math.pi/180,jerk*math.pi/180,jerk*math.pi/180,jerk*math.pi/180,jerk*math.pi/180,jerk*math.pi/180}
     targetVel={0,0,0,0,0,0}

     targetPos1={90*math.pi/180,90*math.pi/180,-90*math.pi/180,90*math.pi/180,90*math.pi/180,90*math.pi/180}
     sim.rmlMoveToJointPositions(jointHandles,-1,currentVel,currentAccel,maxVel,maxAccel,maxJerk,targetPos1,targetVel)

     targetPos2={-90*math.pi/180,45*math.pi/180,90*math.pi/180,135*math.pi/180,90*math.pi/180,90*math.pi/180}
     sim.rmlMoveToJointPositions(jointHandles,-1,currentVel,currentAccel,maxVel,maxAccel,maxJerk,targetPos2,targetVel)

     targetPos3={0,0,0,0,0,0}
     sim.rmlMoveToJointPositions(jointHandles,-1,currentVel,currentAccel,maxVel,maxAccel,maxJerk,targetPos3,targetVel)
  end
```

图 1-16　"Threaded child script(UR5)"对话框

（6）把 vel 调整为 1,观察机器人的运动,可以看到,机器人运动的速度明显降低。

（7）把运行到 targetPos1、targetPos2 或 targetPos3 的语句屏蔽,观察机器人的运动。

（8）改变 targetPos1 或 targetPos2 中的关节角度,观察机器人的运动。注意这里 targetPos1、targetPos2 或 targetPos3 中的 6 个关节角度值均为绝对位置。

（9）在菜单栏中依次选择"File"→"Save scene as"→"CoppeliaSim scene …",如图 1-17 所示。在弹出的"Saving scene…"对话框中,选择文件的保存位置,文件命名为 UR5_01,保存类型为 CoppeliaSim scene( * . ttt),如图 1-18 所示。

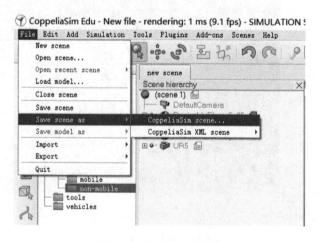

图 1-17　保存文件

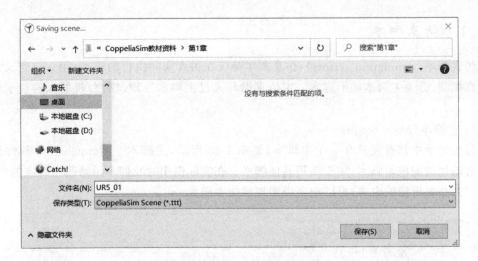

图 1-18　"Saving scene…"对话框

## 1.5　Lua 脚本应用

嵌入脚本是嵌入到场景(或模型)中的脚本,即作为场景的一部分并将与场景(或模型)的其余部分一起保存和加载的脚本。CoppeliaSim 扩展了 Lua 语言的命令,添加了可以由 sim 前缀识别的 CoppeliaSim 特定命令。CoppeliaSim 支持的嵌入式脚本类型如图 1-19 所示,其中两种主要类型的脚本为仿真脚本(Simulation scripts)和自定义脚本(Customization scripts)。

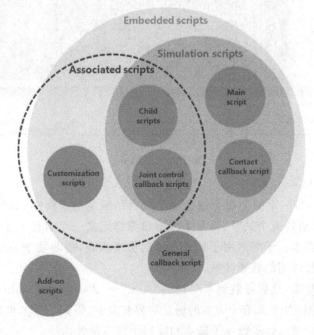

图 1-19　嵌入式脚本类型

### 1.5.1 仿真脚本

仿真脚本（Simulation scripts）：仿真脚本是仅在仿真期间执行的脚本，用于自定义仿真或仿真模型，分为主脚本和子脚本。主仿真循环通过主脚本处理，模型/机器人通过子脚本控制。

1）主脚本（Main script）

每个场景中都有且只有一个主脚本，如图 1-20 所示，主脚本是 CoppeliaSim 软件运行时会自动加载的控制脚本，用于调用其他脚本。在实际使用时我们不用修改主脚本的内容，但是可以查看里面的内容；可以把主脚本理解成主函数。

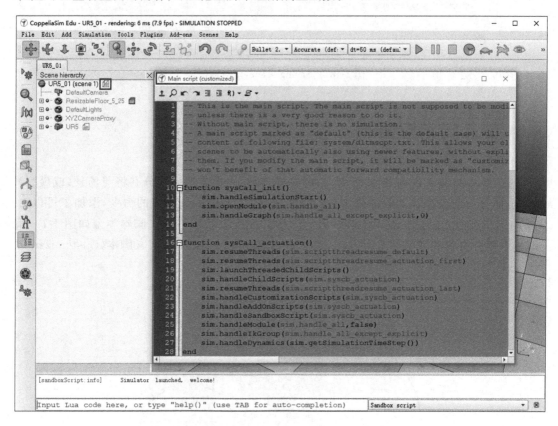

图 1-20　主脚本

2）子脚本（Child scripts）

如图 1-21 所示，每一个模型都会包含一个跟自己绑定的子脚本，如果涉及更加底层的控制过程，我们可以给每一个关节、每一个传感器等都定义一个自己的子脚本，所以一个场景中可以有多个子脚本。子脚本用于处理具体的仿真步骤，控制场景中的物体。可以把子脚本理解成供主函数调用的普通函数。

通过选择场景对象，然后导航到菜单栏的"Add"→"Associated child script"，可以将新的子脚本附加到对象。如果具有子脚本的场景对象被复制，则其子脚本也被复制。如图 1-22 所示，我们添加子脚本时，有非线程子脚本和线程子脚本两种选择。

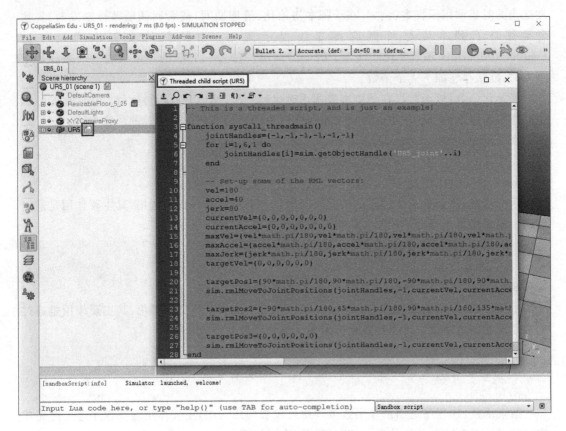

图 1-21　子脚本

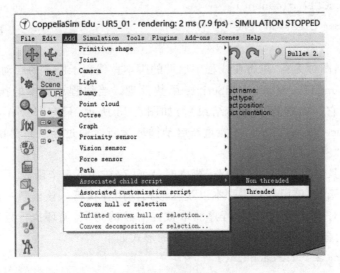

图 1-22　添加子脚本到场景对象

非线程子脚本：图标为 ，包含一组阻塞函数。这意味着每次调用非线程脚本时，它们都应该执行一些任务，然后返回控制权。如果不返回控制权，则整个仿真将停止。主脚本在每个仿真步骤中，从主脚本的驱动和感知函数调用两次非线程子脚本函数。另外，系统还将在适当的时候调用子脚本(例如,在子脚本初始化、清理期间,或者回调函数被触发时)。这种类型的子脚本应尽可能选择非线程子脚本。由默认的主脚本通过 sim.handleChildScripts 函数处理非线程子脚本的调用。在为一个场景对象添加一个非线程子脚本时,默认存在如下 4 个函数。

初始化函数:该函数仅在子脚本被调用时执行一次,其他时段不再执行。初始化函数的主要作用是通过编程获取仿真环境中被操作对象的句柄。初始化函数的形式如下。

```
function sysCall_init()
    -- do some initialization here
end
```

执行函数:该函数被主脚本的执行段调用且每个仿真循环都被调用,其主要作用是通过编程实现对机器人运动的控制。执行函数的形式如下。

```
function sysCall_actuation()
    -- put your actuation code here
end
```

感知函数:该函数被主脚本的感知段调用且每个仿真循环都被调用,其主要作用是通过编程实现对仿真环境中传感器数据的采集。感知函数的形式如下。

```
function sysCall_sensing()
    -- put your sensing code here
end
```

结束函数:在程序退出前该函数被调用且仅被调用一次,主要作用是在程序退出前完成有效数据的保存或者其他处理。结束函数的形式如下。

```
function sysCall_cleanup()
    -- do some clean-up here
end
```

线程子脚本:图标为 ,是将在线程中启动的脚本。线程子脚本的启动由默认的主脚本代码通过 sim.launchThreadedChildScripts 函数处理。当线程子脚本的执行仍在进行时,将不会再次启动它。当线程子脚本结束后,如图 1-23 所示,只有在"Scripts"对话框中的"Execute just once"项未选中时,才能重新启动循环运行。通过导航到菜单栏的"Tools"→"Scripts",可弹出"Scripts"对话框。

在为一个场景对象添加一个线程子脚本时,默认存在如下 2 个函数。

线程主部分函数:该函数被主脚本以线程形式调用并执行。该函数一般分为初始化程序和循环执行程序两部分,初始化程序获取被控对象的句柄,循环执行程序完成数据的采集、处理和仿真对象的控制。线程主部分函数的形式如下。

```
function sysCall_threadmain()
    -- Put some initialization code here
    -- Put your main loop here, e.g.:
    -- while sim.getSimulationState() ~ = sim.simulation _ advancing _
abouttostop do
```

```
--        local p = sim.getObjectPosition(objHandle, - 1)
--        p[1] = p[1] + 0.001
--        sim.setObjectPosition(objHandle, - 1,p)
--        sim.switchThread() -- resume in next simulation step
--    end
end
```

图 1-23　线程子脚本属性设置

结束函数：在程序退出前该函数被调用且仅被调用一次，其主要作用是在程序退出前完成有效数据的保存或者其他处理。

```
function sysCall_cleanup()
    -- Put some clean-up code here
end
```

与非线程子脚本相比，如果没有适当的编程，线程子脚本有几个弱点：更占用资源，可能会浪费一些处理时间，并且对仿真停止命令的响应可能会稍差。

## 1.5.2　自定义脚本

自定义脚本（Customization scripts）：自定义脚本也属于嵌入式脚本，使用不同的方式自定义一个场景，与场景对象相关联。自定义脚本主要在非仿真期间才使用，正在仿真的时候，建议尽量使用子脚本。可以通过场景层次结构中的自定义脚本图标 进行识别。例如在每个场景中都有一个默认的和 ResizableFloor_5_25 相关联的自定义脚本，不需要仿真就可以运行。单击场景层次结构中的"ResizableFloor_5_25"，弹出"Floor Customizer"对话框，如图 1-24 所示，可以拖动对话框中的滑块调整地板平面的大小。

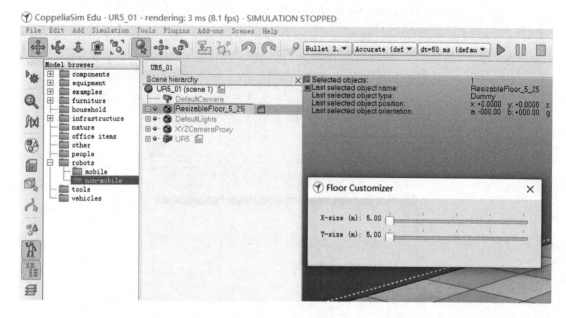

图 1-24　自定义脚本

### 1.5.3　脚本源代码

在 1.4 节中,我们利用 CoppeliaSim 软件中的 Lua 脚本代码实现了对 UR5 机器人的简单运动控制。在 CoppeliaSim 中编程时,并不需要从头开始编写整个控制框架,只需要在 CoppeliaSim 提供的框架中构造自己的算法,进行编码。

启动 CoppeliaSim 软件,打开 1.4 节中保存的 UR5_01. ttt 场景。在场景层次结构中,单击 UR5 右侧的图标,弹出"Threaded child script(UR5)"对话框,对话框里面的 Lua 脚本源代码如下:

```
-- This is a threaded script, and is just an example!
function sysCall_threadmain()
    jointHandles = {-1, -1, -1, -1, -1, -1}
    for i = 1,6,1 do
        jointHandles[i] = sim.getObjectHandle('UR5_joint'..i)
    end
    -- Set-up some of the RML vectors:
    vel = 180
    accel = 40
    jerk = 80
    currentVel = {0,0,0,0,0,0,0,0}
    currentAccel = {0,0,0,0,0,0,0,0}
maxVel = {vel * math.pi/180,vel * math.pi/180,vel * math.pi/180,vel * math.pi/
180,vel * math.pi/180,vel * math.pi/180}
```

```
    maxAccel = {accel * math.pi/180,accel * math.pi/180,accel * math.pi/180,accel
* math.pi/180,accel * math.pi/180,accel * math.pi/180}
    maxJerk = {jerk * math.pi/180,jerk * math.pi/180,jerk * math.pi/180,jerk *
math.pi/180,jerk * math.pi/180,jerk * math.pi/180}
    targetVel = {0,0,0,0,0,0}
    targetPos1 = {90 * math.pi/180,90 * math.pi/180, - 90 * math.pi/180,90 * math.
pi/180,90 * math.pi/180,90 * math.pi/180}
    sim.rmlMoveToJointPositions(jointHandles, - 1,currentVel,currentAccel,
maxVel,maxAccel,maxJerk,targetPos1,targetVel)
    targetPos2 = { - 90 * math.pi/180,45 * math.pi/180,90 * math.pi/180,135 * math.
pi/180,90 * math.pi/180,90 * math.pi/180}
    sim.rmlMoveToJointPositions(jointHandles, - 1,currentVel,currentAccel,
maxVel,maxAccel,maxJerk,targetPos2,targetVel)
    targetPos3 = {0,0,0,0,0,0}
    sim.rmlMoveToJointPositions(jointHandles, - 1,currentVel,currentAccel,
maxVel,maxAccel,maxJerk,targetPos3,targetVel)
    end
```

# 1.6  CoppeliaSim 和 MATLAB 简单通信

上文中我们控制 UR5 机器人运动时,使用的是 CoppeliaSim 本身所具有的以 Lua 语言编写的脚本。同时,CoppeliaSim 还提供了一个 Remote API 来控制来自外部应用程序(例如 MATLAB 脚本、C++程序)或远程硬件(例如真实机器人、连接到同一网络的另一台计算机)的仿真。本节将简单介绍如何将 CoppeliaSim 与 MATLAB 进行通信。

(1) 新建一个 MATLAB 的项目文件夹,例如在 C 盘下新建名为 CoppeliaSim Api 的文件夹,如图 1-25 所示。

(2) 打开 C:\Program Files\CoppeliaRobotics\CoppeliaSimEdu\programming\remoteApiBindings\matlab\matlab 目录下的文件夹,如图 1-26 所示,复制所有文件,并粘贴至 CoppeliaSim Api 文件夹。

(3) 打开 C:\Program Files\CoppeliaRobotics\CoppeliaSimEdu\programming\remoteApiBindings\lib\lib\Windows 目录下的文件夹,如图 1-27 所示,复制 remoteApi.dll 文件,并粘贴至 CoppeliaSim Api 文件夹。

(4) 打开 MATLAB 软件,如图 1-28 所示,将 C:\CoppeliaSim Api 添加至 MATLAB 工作路径。

(5) 在 MATLAB 软件,如图 1-29 所示,打开 simpleTest.m 文件。

(6) 启动 CoppeliaSim 软件,打开 1.4 节保存的 UR5_01.ttt 场景。在场景层次结构中,单击 UR5 右侧的图标📄,打开 CoppeliaSim 软件中 UR5 的脚本文件,如图 1-30 所示,在最顶端添加如下语句。

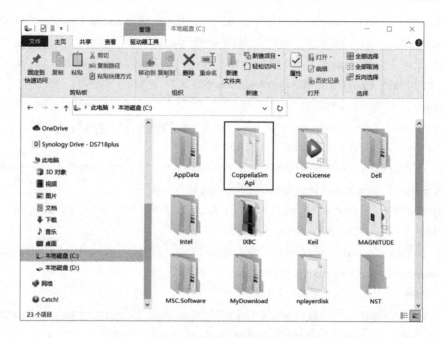

图 1-25　新建名为 CoppeliaSim Api 的文件夹

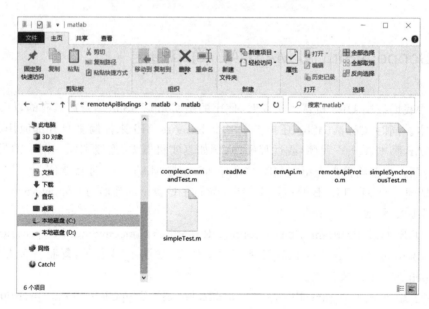

图 1-26　复制所有文件至 CoppeliaSim Api 文件夹中

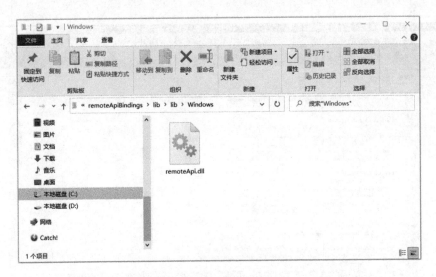

图 1-27　复制 remoteApi.dll 文件至 CoppeliaSim Api 文件夹

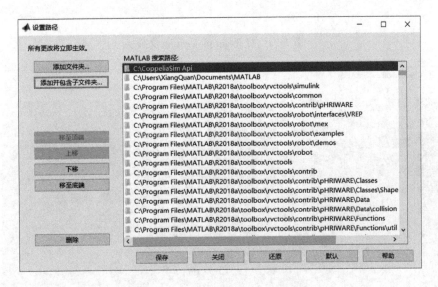

图 1-28　添加 MATLAB 工作路径

`simRemoteApi.start(19999)`

（7）运行 CoppeliaSim 仿真，再运行 MATLAB 的 simpleTest.m 文件，如图 1-31 所示，在 CoppeliaSim 界面移动鼠标可以看到 MATLAB 命令行窗口输出的变化，表示 MATLAB 和 CoppeliaSim 已经通信正常，直到 MATLAB 程序执行完毕。

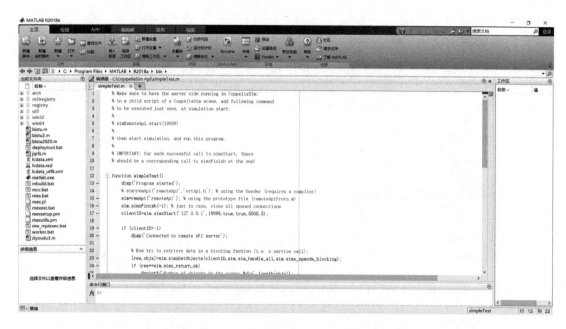

图 1-29　打开 simpleTest.m 文件

```
1  -- This is a threaded script, and is just an example!
2
3  simRemoteApi.start(19999)
4
5  function sysCall_threadmain()
6      jointHandles={-1,-1,-1,-1,-1,-1}
7      for i=1,6,1 do
8          jointHandles[i]=sim.getObjectHandle('UR5_joint'..i)
9      end
10
11     -- Set-up some of the RML vectors:
12     vel=180
13     accel=40
14     jerk=80
15     currentVel={0,0,0,0,0,0,0}
16     currentAccel={0,0,0,0,0,0,0}
17     maxVel={vel*math.pi/180,vel*math.pi/180,vel*math.pi/180,vel*math.pi/180,ve
18     maxAccel={accel*math.pi/180,accel*math.pi/180,accel*math.pi/180,accel*math
19     maxJerk={jerk*math.pi/180,jerk*math.pi/180,jerk*math.pi/180,jerk*math.pi/1
20     targetVel={0,0,0,0,0,0}
21
22     targetPos1={90*math.pi/180,90*math.pi/180,-90*math.pi/180,90*math.pi/180,9
23     sim.rmlMoveToJointPositions(jointHandles,-1,currentVel,currentAccel,maxVel
24
25     targetPos2={-90*math.pi/180,45*math.pi/180,90*math.pi/180,135*math.pi/180,
26     sim.rmlMoveToJointPositions(jointHandles,-1,currentVel,currentAccel,maxVel
27
28     targetPos3={0,0,0,0,0,0}
29     sim.rmlMoveToJointPositions(jointHandles,-1,currentVel,currentAccel,maxVel
30 end
```

图 1-30　添加语句

图 1-31　命令行窗口输出

MATLAB 中的 simpleTest.m 文件是从 CoppeliaSim 的安装目录中复制过来的,其源代码分析如下:

```
function simpleTest()
    disp('Program started');
    sim = remApi('remoteApi'); % using the prototype file (remoteApiProto.m)
    %{每次运行时都会用到此语句,目的是建立一个 sim 对象并加载 library。为节
省内存,程序关闭时需要有 vrep.delete()销毁这个对象。%}
    sim.simxFinish(-1); % just in case, close all opened connections
    %此语句用来关闭其他可能的服务连接。
    clientID = sim.simxStart('127.0.0.1',19999,true,true,5000,5);
    %{此语句用来启动服务。第 1 个参数是 CoppeliaSim 端的 IP 地址;第 2 个参数
是端口名称;第 3 个参数表示此时等待连接成功或超时(block 函数调用);第 4 个参数表示
一旦连接失败,不再重复尝试连接;第 5 个参数是超时时间设定(毫秒);第 6 个参数是数据
包通信频率,默认为 5(毫秒)。返回值是当前 Client 的 ID,如果是 -1,表示未能连接
成功。%}
    if (clientID > -1)
        disp('Connected to remote API server');
        [res,objs] = sim.simxGetObjects(clientID,sim.sim_handle_all,sim.simx_
opmode_blocking);
        if (res == sim.simx_return_ok)
            fprintf('Number of objects in the scene: %d\n',length(objs));
        else
            fprintf('Remote API function call returned with error code: %d\n',
res);
        end
        pause(2);
        %上面一段代码是一个block 函数调用模式的示例
        t = clock;
        startTime = t(6);
        currentTime = t(6);
```

```
        sim.simxGetIntegerParameter(clientID,sim.sim_intparam_mouse_x,sim.simx_
opmode_streaming);%初始化
        while(currentTime-startTime < 5)
            [returnCode,data] = sim.simxGetIntegerParameter(clientID,sim.sim_
intparam_mouse_x,sim.simx_opmode_buffer);%尝试检索流数据
            if(returnCode == sim.simx_return_ok)
                fprintf('Mouse position x：%d\n',data);
                %{当光标在 CoppeliaSim 的窗口上时,鼠标位置 x 被实时显示在 Matlab
的命令行窗口%}
            end
            t = clock;
            currentTime = t(6);
        end
        %上面一段代码是一个 non-block 函数调用模式的示例
        sim.simxAddStatusbarMessage(clientID,'Hello CoppeliaSim! ',sim.simx_
opmode_oneshot);
        %上面代码表示向 CoppeliaSim 发送数据
        sim.simxGetPingTime(clientID);
        %上面代码表示确保连接关闭前所有的指令已经发出。
        sim.simxFinish(clientID);
        %上面代码表示关闭与 CoppeliaSim 的连接
    else
        disp('Failed connecting to remote API server');
    end
    sim.delete();
    disp('Program ended');
end
```

# 1.7 本 章 小 结

　　本章内容是 CoppeliaSim 入门的基础知识。首先对 CoppeliaSim 软件、其操作界面,以及 CoppeliaSim 所使用的 Lua 脚本语言的语法规则进行了介绍;其次以软件自带的 UR5 机器人为例对仿真操作进行简要介绍,同时对实例中的仿真脚本、自定义脚本、脚本源代码等进行了分析;最后实现了 CoppeliaSim 和 MATLAB 的简单正常通信。

# 第 2 章　CoppeliaSim 基本操作

## 2.1　场景管理

### 2.1.1　新建场景

场景是 CoppeliaSim 搭建的仿真环境的统称,包含模型、场景对象(球体、长方体、关节、光源、传感器等)、脚本文件和视图等元素。新建一个 CoppeliaSim 文件,即新建一个场景文件,文件后缀为".ttt"。

CoppeliaSim 软件启动后,自动新建一个默认场景,如图 2-1 所示。或者执行"File"→"New scene"命令,新建场景,如图 2-2 所示。

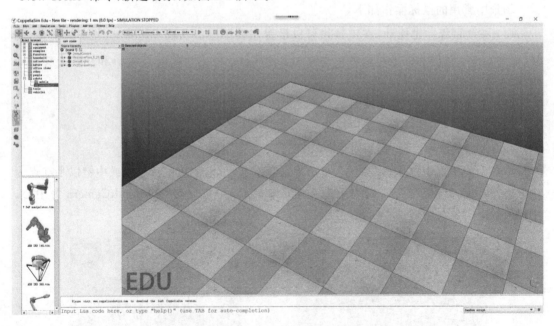

图 2-1　默认场景

默认场景或者新建的场景包含以下元素。

(1) 多个摄像机对象(camera object):如果摄像机与视图相关联,则可以查看场景。

(2) 多个光源对象:没有灯光,场景几乎看不见。光源用于照亮场景。

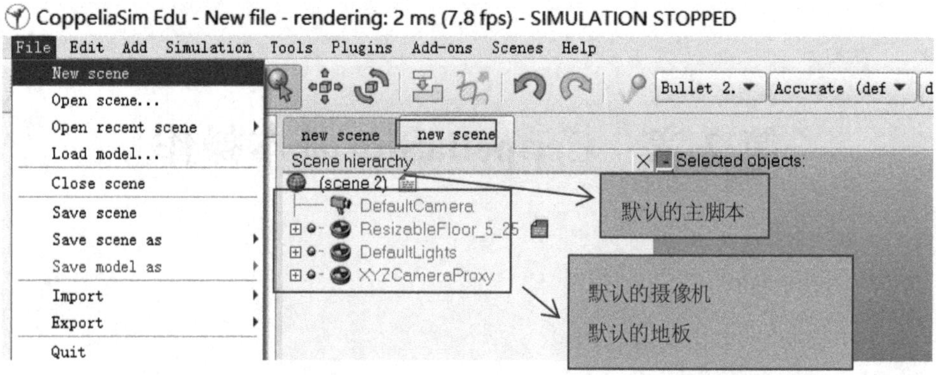

CoppeliaSim Edu - New file - rendering: 2 ms (7.8 fps) - SIMULATION STOPPED

File  Edit  Add  Simulation  Tools  Plugins  Add-ons  Scenes  Help

New scene
Open scene...
Open recent scene
Load model...
Close scene
Save scene
Save scene as
Save model as
Import
Export
Quit

new scene    new scene

Scene hierarchy                    × · Selected objects:
(scene 2)
DefaultCamera                      默认的主脚本
ResizableFloor_5_25
DefaultLights                      默认的摄像机
XYZCameraProxy
                                   默认的地板

图 2-2　新建场景

（3）地板：提供一个供对象运动的地面，默认的地板大小可调；也可以更换为固定大小的地板。在模型浏览器里的"infrastructure/floors"中有多种地板可选。

（4）默认的主脚本：主脚本相当于仿真项目的主函数，自动调用与场景对象关联的子脚本，由 CoppeliaSim 软件自动更新与维护，一般不需要修改，也不要打开。

## 2.1.2　场景查看操作

场景中常用的鼠标操作如下。

（1）按住鼠标左键拖动：在工具栏可以设置左键不同的功能，分别为平移、旋转、缩放视图。旋转和缩放可以使用中键和滚轮代替。使用对象的移动和旋转功能之后，将无法使用左键移动视图。

（2）滚动鼠标滚轮：缩放视图。

（3）按住鼠标中键移动：旋转视图。

（4）快速缩放到对象：选中对象，单击工具栏。

场景中使用选中操作点的时候，会出现红色小点，可以使用鼠标左键或中键以小红点为中心操作视图；若出现红叉，则表示没有选择旋转点，中键旋转以 DefaultCamera 为中心。中键未选中对象与中键选中对象分别如图 2-3 及图 2-4 所示。

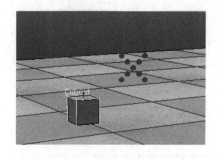

图 2-3　中键未选中对象

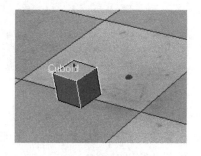

图 2-4　中键选中对象

## 2.2　用户界面

### 2.2.1　页面和视图

CoppeliaSim 中的每个场景都有 8 个可自由配置的页面,如图 2-5 所示,单击工具栏按钮 ![icon] 可显示页面总览。每个页面包含 12 种可选的视图显示方式。页面(page)是场景的主要查看界面,页面可以根据需要包含一个、两个或多个视图。视图(view)与摄像机对象关联,显示摄像机拍摄到的内容。

图 2-5　页面与视图

创建新场景时,默认预配置 8 个页面。在"场景"页面右击→"Remove page"来删除默认页面。如图 2-6 所示,删除页面后,原页面位置显示为暗灰色,再在"场景"页面右击→"Set up page with…"创建页面和具有空视图的默认页面。

```
Set up page with single view
Set up page with 2 views (horizontal separation)
Set up page with 2 views (vertical separation)
Set up page with 1+2 views (horizontal separation)
Set up page with 1+2 views (vertical separation)
Set up page with 1+3 views (horizontal separation)
Set up page with 1+3 views (vertical separation)
Set up page with 1+4 views (horizontal separation)
Set up page with 1+4 views (vertical separation)
Set up page with 4 views
Set up page with 1+5 views
Set up page with 1+7 views
```

图 2-6　创建页面

预置的 12 种页面配置如图 2-7 所示,矩形框内数字为视图索引号。

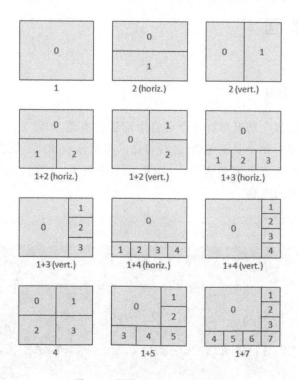

图 2-7　预置的 12 种页面配置

## 2.2.2　浮动视图

视图可以在页面内具有固定位置,也可以在页面上浮动,如图 2-8 所示。

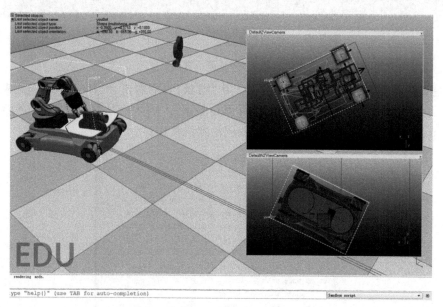

图 2-8　浮动视图

在"场景"页面右击→"Add"→"Floating view"，添加浮动视图（Floating view）。

在浮动视图里可以移动和调整对象的大小，但不能使用鼠标进行导航。双击一个浮动视图，可以实现其内容与索引号为 0 的视图交换。

在浮动视图增加显示内容，有以下 3 种方法。

方法 1：如图 2-9 所示，将摄像机等可查看对象与视图关联，先选择该对象，然后在要与之关联的视图上，在"场景"页面右击→"View"→"Associated view with selected camera"。

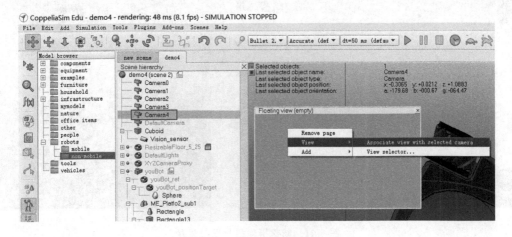

图 2-9　视图关联摄像机

方法 2：新创建的浮动视图未与可见对象关联时，该浮动视图显示内容为灰色，在"场景"页面右击→"Add"→"Camera"，此时会添加一个新的摄像机（Camera）（如图 2-10 所示）并直接与该浮动视图关联，如图 2-11 所示。

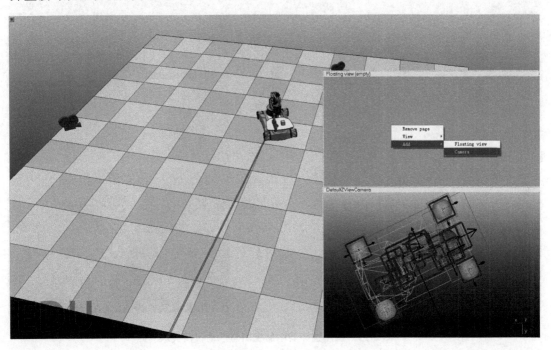

图 2-10　新建摄像机

图 2-11　新建摄像机与视图关联

方法 3：将视图选择器中的视图与浮动视图关联，在"场景"页面右击→"View"→"View selector"，这将打开视图选择器，选择要显示的视图。如图 2-12 所示。

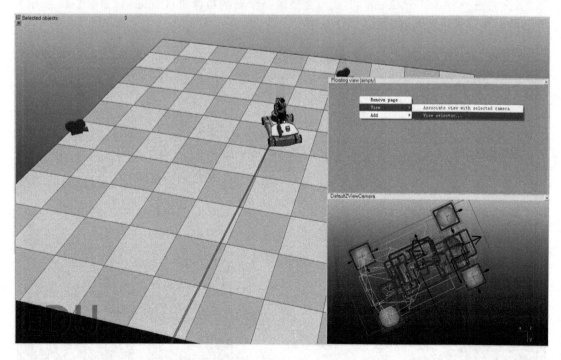

图 2-12　视图选择器中的视图与浮动视图关联

## 2.3　位置和方向操作

若要移动或旋转对象,首先要选中对象,然后使用工具栏的位置或方向按钮 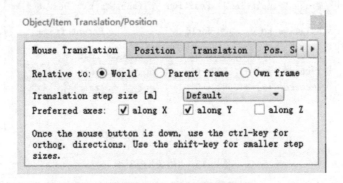 调整对象的位置和方向。单击按钮后,将弹出"位置"对话框或"方向"对话框,但是这两个对话框不会同时出现。

### 2.3.1　位置对话框

位置对话框具有 4 个选项卡:鼠标移动(Mouse Translation)、位置(Position)、平移(Translation)、位置缩放(Pos. Scaling)。

1) 鼠标移动

鼠标移动对象时的参数设置选项卡如图 2-13 所示。

图 2-13　鼠标移动对象时的参数设置选项卡

(1) 移动步长(Translation step size[m]):用鼠标拖动移动对象时使用的步长。拖动过程中按"Shift"键,则可以在操作过程中使用最小的步长微调。

(2) 选择轴(Preferred axes):表示鼠标拖动时,对象所沿的参考坐标轴,可以选择一个或最多两个轴。拖动过程中按"Ctrl"键,可以在操作过程中使用其他未选中的轴。

鼠标拖动过程中,可以在上部信息窗口中实时查看对象的位置,也可以在出现的黑色坐标轴箭头处查看移动的增量,如图 2-14 所示。

2) 位置

"位置"选项卡可实现对象的精确定位,如图 2-15 所示。

"位置"选项卡中,相对于(Relative to)世界坐标系/父坐标系表示设置的值所在坐标系。

CoppeliaSim 提供了快速对齐多个对象位置的功能。如果只选择一个对象,则右侧的 4 个"Apply"按钮是禁用的。通过"Shift"或者"Ctrl"键选择多个对象,X/Y/Z 坐标值的数据将变为最后选择的那个对象的数据,单击"Apply"按钮,将把对应的坐标值赋给所有选择的对象。下例中,Cuboid 为后选择对象,单击"Apply"按钮,Sphere 将移动到 Cuboid 位置,如图 2-16 所示。

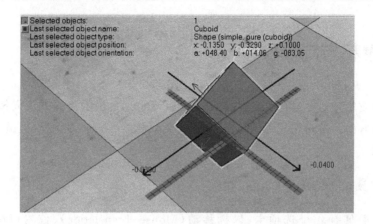

图 2-14 用鼠标移动对象

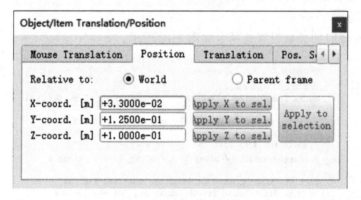

图 2-15 "位置"选项卡

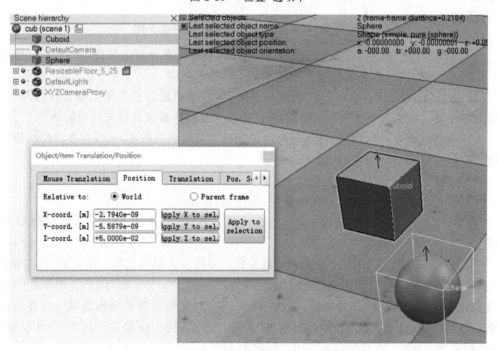

图 2-16 快速对齐功能

3）平移

"平移"选项卡可实现对象的精确移动,如图 2-17 所示。

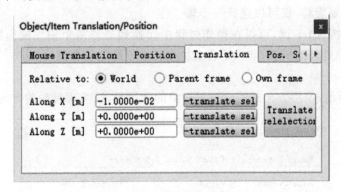

图 2-17　"平移"选项卡

（1）相对于（Relative to）世界坐标系/父坐标系/自身坐标系:表示平移相对的坐标系。

（2）沿 X/Y/Z 轴（Along X/Y/Z）平移值:沿所设置坐标轴的平移量。

（3）单击一次小的"translate sel"按钮可以实现一次在对应坐标轴的移动,连续多次单击可以实现多次移动。单击大的"Translate selection"按钮可以实现在 X、Y、Z 轴的同时移动,可以连续单击。

4）位置缩放

"位置缩放"选项卡可以实现对象位置坐标值的成比例缩放,使用频率不高。

## 2.3.2　方向对话框

方向对话框具有 3 个选项卡:鼠标旋转（Mouse Rotation）、方向（Orientation）、旋转（Rotation）。

1）鼠标旋转

鼠标旋转对象的参数设置如图 2-18 所示。

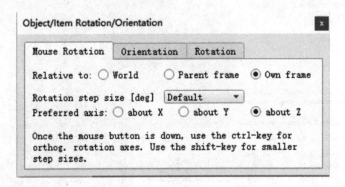

图 2-18　鼠标旋转对象的参数设置

（1）旋转相对的坐标系（Relative to）:表示鼠标拖动操作在选定的坐标系上生效,包含 3 种坐标系,世界坐标系、父坐标系、自身坐标系。

（2）旋转步长（Rotation step size）:用鼠标拖动旋转对象时使用的步长。拖动过程中按

"Shift"键,则可以在操作过程中使用最小的步长。

（3）选择轴（Preferred axis）：表示鼠标拖动会沿着上面选择的参考系的轴旋转所选对象,绕着 X/Y/Z 轴旋转,仅可以选择一个轴。

旋转过程中按"Ctrl"键,可以在操作过程中切换到另外两个轴。鼠标拖动的方式调整姿态不够精准,但是较为快捷,非常适合在精度要求不高的场合使用。

2）方向

如图 2-19 所示,使用方向选项卡设置对象的欧拉角,以实现精确的方向定位。

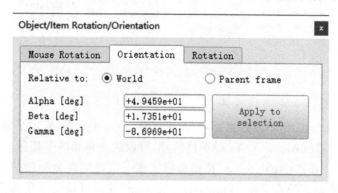

图 2-19　方向定位

"方向"选项卡中的相对于（Relative to）世界坐标系/父坐标系表示欧拉角相对的坐标系。

如果只选择一个对象,图 2-19 中右侧的"Apply to selection"按钮是禁用的。如果通过"Shift"或者"Ctrl"选择多个对象,旋转方向的数值将变为最后选择的那个对象的数值,单击"Apply to selection"按钮,将把最后选择对象的值赋给所有选择的对象,可以实现多个对象的快速对齐,如图 2-20 所示。

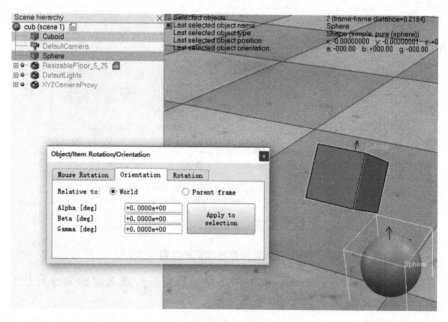

图 2-20　快速对齐

3) 旋转

旋转功能可以实现精确的对象旋转。如图 2-21 所示,相对于(Relative to)世界坐标系/父坐标系/自身坐标系,表示旋转相对的坐标系;沿 X/Y/Z 轴平移值,表示绕设置坐标系的 X/Y/Z 轴的旋转量。

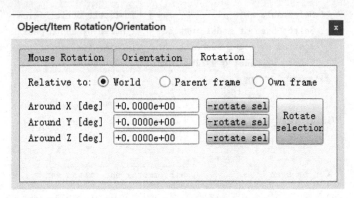

图 2-21　旋转功能

单击一次小的"rotate sel"按钮可以实现一次在对应坐标轴的旋转,连续多次单击该按钮可以实现多次旋转。单击大的"Rotate selection"按钮可以实现绕 X/Y/Z 轴的同时旋转,该按钮也可以连续单击。

## 2.4　对象属性

在场景对象层次结构图或场景中双击对象,出现"对象属性"对话框。对象属性分为两个部分:对象通用属性("Common"页)和特有属性(不同的对象类型显示的内容也不一样)。

### 2.4.1　对象通用属性

对象通用属性(Common)对话框如图 2-22 所示,如果选择了多个对象,该对话框仅显示最后一个选定对象的设置和参数。属性设置完成之后,如果选择了多个对象,单击"Apply to selection"按钮可以将参数从最后一个选择的对象复制到其他已选择的对象。该对话框中的一些属性介绍如下。

(1) 可选(Selectable):表示是否可以在场景中选择该对象,但是不影响在对象层次结构图中选择该对象。仿真过程中可以对场景对象进行编辑,例如删除、移动、旋转等,如果不启用该功能,则无法在场景中编辑该对象。如对象的"可选"属性设置为启用,则该对象在场景中被选择后,对象周围就出现白色的模型边界框,如图 2-23 所示。若不希望对象在仿真过程中被误删除,可以取消该选项。

(2) 被深度渲染过程忽略(Ignored by depth pass):启用后,将在深度渲染过程中忽略该对象。

(3) 对象(模型的一部分)被选择后自动更改为选择模型基础(Select base of model instead):如果启用该属性,则在场景中选择的对象将自动改为选择所在模型基础的对象。

Scene Object Properties

| Shape | Common |
|---|---|

General properties

☑ Selectable              ☐ Invisible during selec
☐ Select base of model instead   ☐ Ignored by depth pass
☐ Ignored by model bounding box  ☐ Ignored for view-fitti
☐ Cannot be deleted during simul ☐ Cannot be deleted
Extension string [              ]

                              [Apply to selection]

Visibility

Camera visibility layers ☑☐☐☐ ☐☐☐☐
                         ☐☐☐☐ ☐☐☐☐
Can be seen by           [all cameras and vision sen: ▼]

                              [Apply to selection]

Object special properties

☐ Collidable   ☐ Measurable   ☐ Detectable  [details]
☐ Renderable

                              [Apply to selection]

Model definition

☐ Object is model base    [Edit model properties]

Other

☐ Object / model can transfer or accept DNA
Collection self-collision ind [0    ]
[     Scaling     ]          [    Assembling    ]

图 2-22　对象通用属性对话框

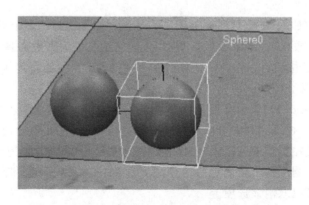

图 2-23　对象被选择后的白色边框

模型有模型基础,此设置才有效。例如图 2-24 中,若 Cylinder 的"Object is model base"属
性启用(启用后,场景层次结构图处该对象出现灰色小球标志),Sphere 的该属性启用,则选
择 Sphere 时,会自动选择 Cylinder。该项属性在保护模型不受误操作时非常有用。

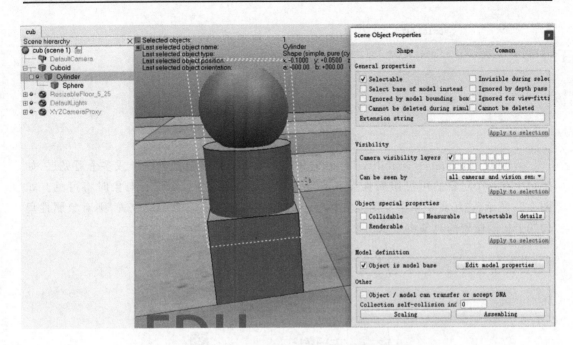

图 2-24　对象被选择后自动更改为选择模型基础

（4）不出现模型边界框（Ignored by model bounding box）：如果选中该属性，并且对象是模型的一部分，则模型边界框将不包含该对象，仅出现模型内其他对象的模型边界框。该属性适用于可能使模型边界框看起来过大的对象。

（5）忽略视图调整（Ignored for view-fitting）：启用该属性后，如图 2-25 所示，单击工具栏的"Fit to View"工具忽略此对象。通常，地板和类似的对象会被这样标记。

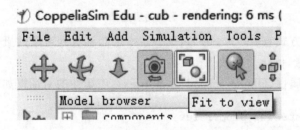

图 2-25　工具栏中的"Fit to View"按钮

（6）在仿真过程中不能被删除（Cannot be deleted during simul）：启用该属性后，对象将在模拟运行时无法被手动删除，但是，仍可通过脚本删除。

（7）无法删除（Cannot be deleted）：启用该属性后，对象将无法被手动删除，但是，仍可通过脚本删除。

（8）扩展字符串（Extension string）：附加到对象的字符串，用于区别不同的对象，扩展字符串可以由各类扩展插件使用，也可以通过 sim. getExtensionString()函数读取。

（9）可见性（Visibility）：设置该对象所在的图层。如图 2-26 所示，共 16 个可选位置，具体设置原则需要用户根据仿真要求自行定义。

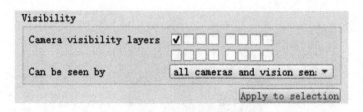

图 2-26　对象的可见图层设置

① 可见层（Camera visibility layers）：每个对象都可以被分配给一个或多个可见层，如果至少有一个对象的可见层属性设置与层选择对话框层匹配，则查看对象时将可见。如图 2-27 所示，在场景中单击左侧工具栏"Layer"按钮，勾选相应的图层位置，则对象属性里勾选了相同位置的对象将显示出来。

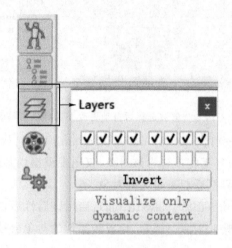

图 2-27　场景的层选择对话框

② 可通过以下方式查看（Can be seen by）：指定能够看到对象的摄像机或视觉传感器，以减少计算机运算量，优化仿真效果。

（10）对象特殊属性（Object special properties）：该属性的对话框如图 2-28 所示。

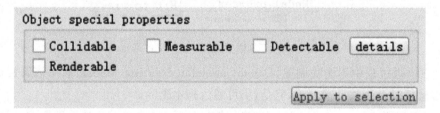

图 2-28　对象特殊属性对话框

① 可碰撞（Collidable）：配合碰撞检测功能的实现，勾选代表用于碰撞检测，但是这个属性与响应属性（即 Respondable）无关。

② 可测量（Measurable）：配合最小距离测量功能的实现。

③ 可渲染（Renderable）：用于强化仿真的真实性。

④ 可检测（Detectable）：勾选表示可以由接近觉传感器检测。单击"details"按钮，如

图 2-29 所示,可设置具体类型,如:

    a. 超声波接近传感器(Ultrasonic);

    b. 红外接近传感器(Infrared);

    c. 激光接近传感器(Laser);

    d. 感应式接近传感器(Inductive);

    e. 电容式接近传感器(Capacitive)。

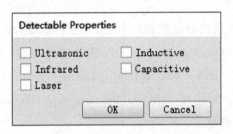

图 2-29　"可检测"属性

(11) 模型基础(Object is model base):多个对象可以组成模型,该属性用来设计该对象是否是模型的基础。若该对象是所在模型的基础,则可以编辑该模型的属性,如图 2-30 所示。

图 2-30　模型定义

启用该属性后,场景层次结构图里该对象图标前面将出现灰色小球标志。标记为模型基础的对象具有特殊属性。例如,保存或复制对象时还会自动保存/复制其所有子项。如图 2-31 所示,当选择模型基础对象时,选择边界框显示为粗虚线,并包含整个模型。

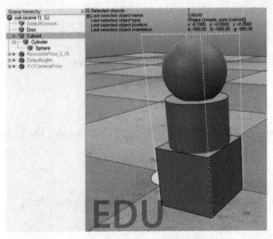 

(a) 选中模型基础对象　　　　　　　　　　　(b) 选中一般对象

图 2-31　选中模型基础对象与选中一般对象

## 2.4.2 通过脚本设置属性

通过 Lua 脚本可以创建场景对象,也可以获取和设置场景对象的各种属性。每种场景对象都有自己专有的函数,例如,关节对象的 sim. getJointPosition()、sim. setJointPosition()等。每种对象包含的具体函数,可查阅帮助手册"Regular API function list（by category）"部分。

除此之外,还可以使用通用的函数读/写对象参数,例如:sim. getObjectInt32Parameter (number objectHandle,number parameterID),获取对象的 32 位整数类型参数值;sim. getObjectFloatParameter(number objectHandle,number parameterID),获取对象的浮点类型的参数值;sim. getObjectStringParameter(number objectHandle,number parameterID),获取对象的字符串类型的参数值。

其中,parameterID 参数的具体定义可查询帮助手册"Object Parameter IDs"部分,例如关节定义了 sim. jointintparam_motor_enabled（2000）、sim. objfloatparam_abs_rot_velocity（14）、sim. objstringparam_unique_id（35）等。

**示例**:在场景中增加一个长方体,名称为'forwarder',将该对象设置为动态对象。启动仿真后,该对象将以一定速度在场景中移动。相关脚本如下。

```
function sysCall_actuation()
    -- 获取对象句柄
    forwarder = sim.getObjectHandle('forwarder')
    -- 重置动态对象. 在动力学引擎中删除再添加该动态对象,当需要在脚本中修改
动态对象的属性时,此操作为必须操作
    sim.resetDynamicObject(forwarder)
    absoluteLinearVelocity = {0.2,0,0}
    -- 设置对象各 XYZ 方向的速度
    sim.setObjectFloatParameter(forwarder,sim.shapefloatparam_init_velocity
_x,absoluteLinearVelocity[1])

    sim.setObjectFloatParameter(forwarder,sim.shapefloatparam_init_velocity
_y,absoluteLinearVelocity[2])

    sim.setObjectFloatParameter(forwarder,sim.shapefloatparam_init_velocity
_z,absoluteLinearVelocity[3])
    end
```

# 2.5　场景对象

## 2.5.1　场景对象的定义和分类

场景对象(Scane object)是指场景层次图和场景视图中出现的元素,场景对象在场景视图中的表示如图 2-32 所示。

图 2-32　场景对象

如图 2-32 所示,场景对象主要包括如下几类。

(1) 形状(Shape):由三角形面组成的刚性网格,包括基本形状(长方体、圆柱体或球体)和复合形状等。

(2) 关节(Joint):至少具有一个自由度的对象,用于构建移动对象,包括 4 种类型:转动关节(Revolute joint)、平移关节(Prismatic joint)、螺钉关节(Screw joint)和球关节(Spherical joint)。

(3) 图表(Graph):用于记录和可视化仿真数据。

(4) 标记点(Dummy):是一个有方向的虚拟点,通常作为辅助点使用,对于搭建仿真场景具有非常重要的作用。

(5) 接近觉传感器(Proximity sensor):不断地检测其扫描范围内的物体,输出最近距离等检测结果。通常用于模拟超声波、红外线、激光等接近觉传感器,支持的扫描区域类型有棱锥型、圆柱型、圆盘型、圆锥型和射线型等。

(6) 视觉传感器(Vision sensor):用于模拟相机的传感器,处理光、颜色和图像信息。

(7) 力/扭矩传感器(Force sensor):是一种测量力和扭矩的对象。当受力超过预设的阈值时,可发出超限信号。

(8) 摄像机(Camera):从各种视角查看场景对象。

(9) 光源(Light):能够照亮模拟场景的对象。

(10) 路径(Path):在空间中定义路径的对象。

(11) 八叉树(OC tree):由树数据结构组成,其中每个节点正好有八个子节点,用于表示空间结构。

(12) 点云(Point cloud):包含点的八叉树结构。

### 2.5.2 对象层级

将 A 对象拖动到 B 对象下面,A 对象将成为 B 对象的子对象,移动 B 对象,A 对象也将一起移动。

如图 2-33 所示,场景层次结构图中可以查看对象坐标系的关系,例如:Cuboid 的父对象是 Sphere。

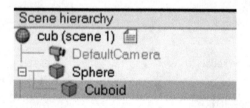

图 2-33 对象层级

### 2.5.3 形状

1) 基本形状

形状(Shape)是由三角面组成的刚性网格对象,可以导入、导出和编辑,有 7 种基本类型,如图 2-34 所示。

图 2-34 7 种基本形状

(1) ⬛纯简单形状(Pure simple shape 或 Pure shape):基本形状(Primitive shape),包括平面(Plane)、圆盘(Disc)、长方体(Cuboid)、球体(Sphere)、圆柱体(Cylinder)。此外,圆柱体中还可以设置圆锥体(Cone)。具体如图 2-35 所示。

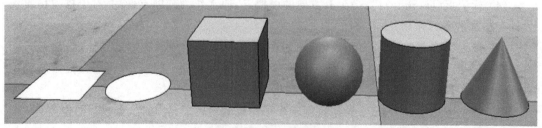

图 2-35 纯简单形状

在动力学仿真时,纯简单形状(或纯复合形状)在物理引擎上的速度比非纯形状(随机形状或凸面形状)上的速度快得多,适用于动力学计算。

(2) 纯复合形状(Pure compound shape):基本形状的集合,适用于动力学计算。

(3) 简单凸面形状(Simple convex shape):表示具有一种颜色的凸面网格。凸壳(Convex Hull)就是一种简单凸面形状。简单凸面形状针对动力学碰撞响应计算进行了优化,但性能比纯形状还是要差一些。

(4) 复合凸面形状(Compound convex shape):表示一组凸面形状的集合。

(5) 简单随机形状(Simple random shape):可以表示任意网格,一般由纯形状合并之后得到。动力学计算执行效率低。

(6) 复合随机形状(Compound random shape):简单随机形状的集合。动力学计算执行效率低。

(7) 高度场形状(Heightfield shape):栅格化的平面,各栅格的高度可以不同;也可以将高度场视为纯简单形状。该对象针对动力学计算进行了优化。

2) 添加基本形状

基本形状是场景中的重要组成部分,添加方法如下。

方法 1:在菜单/场景层次结构图/场景右击鼠标,执行"Add"→"Primitive shape"。

方法 2:导入利用 CAD 应用程序(例如 AutoCAD、Solidworks 等)绘制的仿真对象,格式可以为. obj、. dxf、. ply、. stl、. dae。在菜单栏单击"Menu bar"→"File"→"Import"→"Mesh"。

3) 形状坐标系和边界框(Shape reference frame and bounding box)

每个形状都有一个自己的笛卡儿坐标系,在 CoppeliaSim 中分别用红色、绿色和蓝色箭头表示。形状坐标系原点始终位于形状的几何中心。当形状被选中后,会出现一个完全包围形状的白色边界框。边界框边缘的方向与形状坐标系的 X 轴、Y 轴和 Z 轴平行。

纯简单形状和高度场形状等基本形状不需要重定向。复合形状有时需要进行坐标系的重定向,共有 4 种重定向方式。

(1) 与世界坐标系对齐:形状坐标系采用世界坐标系的方向,如图 2-36 所示。选择一个要定向的形状,执行"Menu bar"→"Edit "→"Reorient bounding box"→"with reference frame of world"。

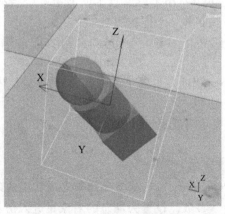

图 2-36　与世界坐标系对齐

（2）与任意形状的主轴对齐：形状周围产生最紧凑的边界框，如图 2-37 所示。选择一个要定向的形状，执行"Menu bar"→"Edit"→"Reorient bounding box"→"with main axes of random shape"。

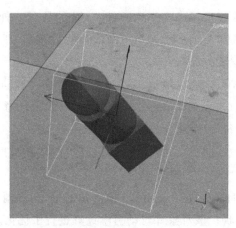

图 2-37　与任意形状的主轴对齐

（3）与圆柱体形状主轴对齐：在圆柱体底面上计算精确的坐标系，复合形状的 $Z$ 轴与圆柱体的旋转轴重合。如果复合形状与圆柱体差异过大，该操作会失败。选择一个要定向的形状，执行"Menu bar"→"Edit"→"Reorient bounding box"→"with main axis of cylinder shape"。

（4）与长方体形状主轴对齐：在长方体形状上计算精确的坐标系，并与立方体的面对齐。如果复合形状与长方体差异过大，该操作会失败。选择一个要定向的形状，执行"Menu bar"→"Edit"→"Reorient bounding box"→"with main axes of cuboid shape"。

4）形状属性（Shape properties）

确保工具栏的对象选择按钮为启用状态 ，双击场景形状对象，或在场景层次结构图中双击形状对象，将打开形状属性对话框。

（1）形状外观属性

形状的外观属性对话框如图 2-38 所示。

① 调整颜色（Adjust color）：设置形状的颜色和透明度等参数。

② 着色角度（Shading angle）：用于区分各个面的角度，只影响视觉效果。小角度使形状看起来锋利，大角度使形状看起来平滑。

③ 显示边（Show edges with angle）：默认边是黑色的。如果选中隐藏边界（Hidden border），则边将被隐藏。

④ 背面消隐（Backface culling）：设置了透明度后，用于显示内部的面，常用于长方体对象，以看清隐藏的面。

⑤ 线框（Wireframe）：显示为线框。

（2）形状动力学属性

形状的动力学属性可设置如下。

① 动态的（Dynamic、Non-static）：形状将受到重力或其他约束条件的影响，参与动力学计算，同时也需要设置动力学参数。设置为动态的对象在进入仿真后，对象层次图中的右侧

会出现图标 ✓ ,表示对象已进入动态仿真状态。

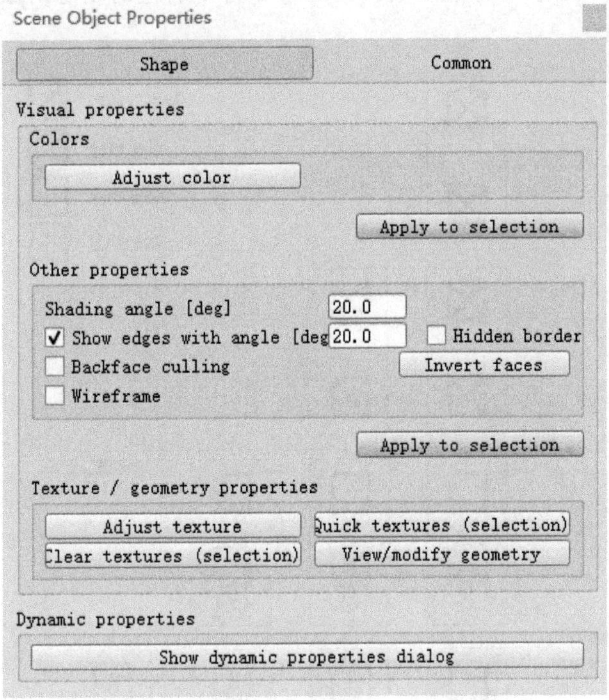

图 2-38　形状的外观属性对话框

② 静态的(Static):仿真过程中不参与动力学计算。

为配合碰撞检测功能,形状也可同时设置如下。

① 响应的(Respondable):仿真期间会与可响应对象产生相互碰撞。可以设置可响应掩码,以便决定能够与哪些对象发生碰撞;仿真后,对象层次图中的右侧会出现图标 ✓ 。

② 非响应的(Non-respondable):不参与碰撞。

基于以上两种分类方法,形状在动态模拟中的行为可以分为 4 类,打叉的是静态形状对象,内有"R"的为可响应形状对象。静态和动态的形状对象碰撞响应示意图,如图 2-39所示。

按照图 2-39 设置形状对象的属性,仿真之前的状态如图 2-40 所示。从上到下,前两行均为静态对象。

启动仿真之后,仿真效果如图 2-41 所示。从上到下,第一行和第二行均为静态对象,启动仿真之后,这些对象不产生动作,位置不变。

第三行的上层均为非响应的动态对象,因此启动仿真之后,在重力作用下穿透下层对象和地板下落,即使下层左 2 对象设置为可响应,也不会碰撞。第三行的下层左 2 和左 1 为静态对象,启动仿真之后,位置不会变化。第三行的下层右 1 为非响应的动态对象,启动仿真之后,也会下落,因此,第三行的右 1 所在位置没有对象存在。

第四行的上层均为可响应的动态对象,启动仿真之后,都会在重力的作用下下落。如果下层是可响应的对象,则会产生碰撞,两个可响应对象会上下叠在一起,例如第四行的左 2和右 1,左 2 的下层为静态对象,仿真之后不会动。地板的碰撞属性设置为与所有对象碰撞,因此,设置为可响应的对象都不可穿透地板,例如第四行的 4 个对象。第四行的左 1,穿透了不响应的下层对象,没有穿透地板。但是右 2 为不响应的动态对象,启动仿真之后,穿透地板下落。

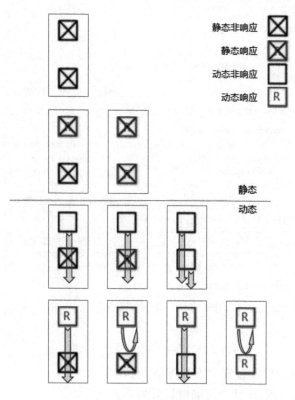

图 2-39　形状对象碰撞响应示意

图 2-40　动态、静态、响应、非响应对象的仿真

在形状对象的属性对话框的最下边单击按钮"Show dynamic properties dialog",打开形状的"动力学属性"对话框,如图 2-42 所示。

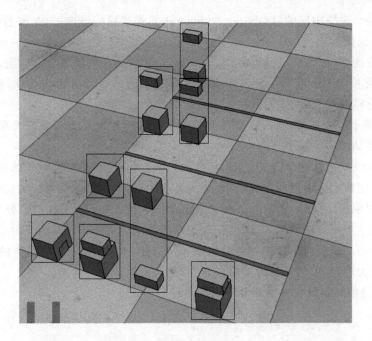

图 2-41　动态、静态、响应、非响应对象的仿真结果(框内表示一组对象)

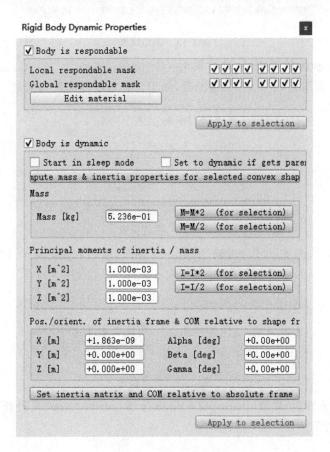

图 2-42　动力学设置

① 物体是可碰撞响应的(Body is respondable):如果启用该选项,则该形状将与其他可响应形状产生碰撞反应。

- 可响应掩码:冲突响应掩码由"局部"和"全局"两个 8 位值组成。如果两个形状的掩码("局部"或"全局")不等于零,则将生成碰撞反应。地板比较特殊,需要与所有对象进行碰撞响应,其掩码值默认设置为"局部"和"全局"全部勾选。

提示:为便于区分碰撞情形,如果两个碰撞形状共享父形状,建议使用局部掩码。

② 物体是动态的(Body is dynamic):相关设置如下。

a. 在休眠模式下启动(Start in sleep mode):开始仿真后,该对象处于休眠模式,只有在它与另一个可碰撞响应的形状碰撞后,才成为真正的动态对象,对动力学约束做出反应。

b. 有父对象后,自动成为动态(Set to dynamic if gets parent):仅对象处于静态模式下的勾选才有效。如果启用该选项,则意味着当该形状成为另一个对象的子对象时,该形状将自动设置为动态。选项对于建模对象的基座非常有用,例如,对于单独操作的机器人,通常将其基座设置为静态,但当机器人连接到车辆时,该基座应变为动态。

a 和 b 所述的动态设置如图 2-43 所示。

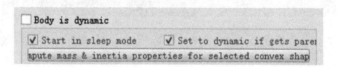

图 2-43　动态设置

c. 计算选定形状的质量和惯性属性(Compute mass & inertia properties for the selected shapes):如图 2-44 所示,设置密度,用于计算对象的质量和惯量。

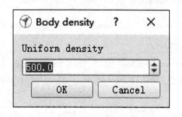

图 2-44　密度设置

d. 质量(Mass):设置形状的质量,如图 2-45 所示,图中右侧的两个按钮用于快速乘以 2 或除以 2。

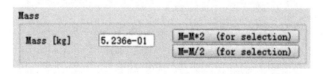

图 2-45　质量设置

e. 形状的主惯性矩/质量(Principal moments of inertia / mass):设置形状的主惯性矩/质量,如图 2-46 所示。

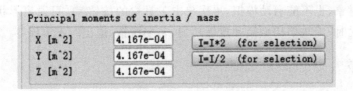

图 2-46　主惯性矩/质量设置

f. 相对于形状坐标系的惯量坐标和质心（Pos. /orient. of inertia frame & COM relative to shape frame）：设置惯量坐标和质心，如图 2-47 所示。

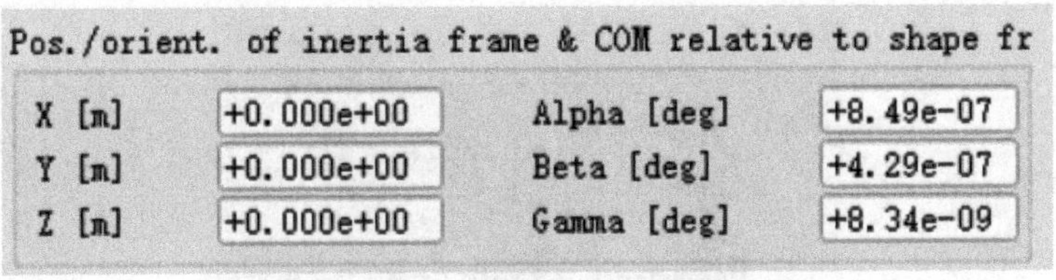

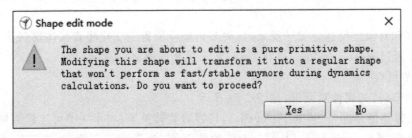

图 2-47　惯量坐标和质心的设置

g. 配置相对于绝对坐标系的惯量坐标和质心（Set inertia matrix and COM relative to absolute frame）。

5）形状编辑模式

一般情况下，使用专业的 CAD 软件（例如 AutoCAD、Solidworks 等）绘制仿真对象，再导入 CoppeliaSim，有时也可以在 CoppeliaSim 创建基本体形状，然后在"形状编辑"模式调整创建的形状。

- 三角形编辑模式（Triangle edit mode）：编辑组成形状的三角形。
- 顶点编辑模式（Vertex edit mode）：编辑组成形状的各个顶点。
- 边编辑模式（Edge edit mode）：编辑组成形状的各个边。

选中要编辑的对象，单击工具栏的按钮 即可进入"形状编辑"模式。在进入"形状编辑"模式之前，纯形状将转换为普通形状（Regular shape），普通形状在动力学仿真过程中不像纯形状那样稳定和快速，所以进入编辑模式之前请慎重。图 2-48 为进入"形状编辑模式"时的提示。

图 2-48　进入"形状编辑"模式时的提示

编辑模式可以点选也可以拖动鼠标框选。在编辑模式下按住"Shift"键，拖动鼠标，可以实现操作对象的多选。选择对象后，从一种编辑模式切换到另一种模式时，上一个编辑模式选中的对象依然处于选中状态，但是将切换成新模式的选中状态。在形状编辑模式期间，不能选择场景对象,也不能启动模拟,再次单击工具栏的按钮 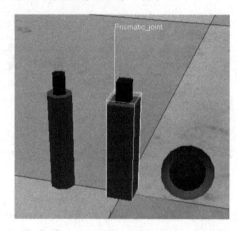,可退出形状编辑模式。处于形状编辑模式时,无法使用撤销和重做功能,若要撤销,退出时不要保存。

### 2.5.4 关节

1) 关节类型

关节(Joint)是连接父对象和子对象,并限制父子对象的相对运动的,具有一个自由度的对象。场景中的关节图形仅具有象征意义,关节对象的大小对仿真并没有实际意义,仅是为了显示。如图 2-49 所示,关节的主要类型有 3 种。

图 2-49 关节类型

(1) 旋转关节(Revolute joint):旋转关节有一个绕其轴向旋转的自由度,用于描述旋转运动。

(2) 平移关节(Prismatic joint):平移关节有一个沿其轴向平移的自由度,用于描述平移运动。

(3) 球形关节(Spherical joint):球形关节具有 3 个自由度,用于描述对象之间的旋转运动,其值由欧拉角,即绕 $x$ 轴、$y$ 轴和 $z$ 轴的 3 个旋转量值定义。球形关节本质上是直接由 3 个正交的转动副串接而成的。这 3 个转动副直接相互串接,因此球形关节不能设置为"Torque/force"模式,不能由"motor"驱动,它总是工作在"passive"模式,不能充当主动关节。

在关节和对象之间建立父子关系时,关节角度或位置的变化将直接体现到其子对象上。例如:link1 通过 Revolute_joint 连接 base,父子关系如图 2-50 所示。

2) 关节属性

双击关节,打开属性对话框,如图 2-51 所示。

(1) 位置是循环的(Position is cyclic):只针对旋转关节,表示关节可连续旋转。

(2) 螺距(Screw pitch[m/deg]):连接的节距值,此特性仅在旋转/螺钉类型的运动下可用。

(3) 最小位置值(Pos. min.[deg]):最小值。

(4) 位置范围(Pos. range.[deg]):位置的变化范围,位置的最大值为最小位置加位置范围。对于旋转关节,图 2-52 中的 x'y'为正转 30°的新坐标系。

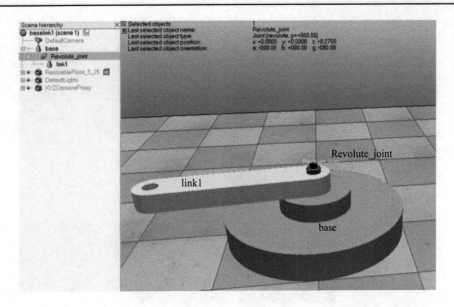

图 2-50　关节层次结构

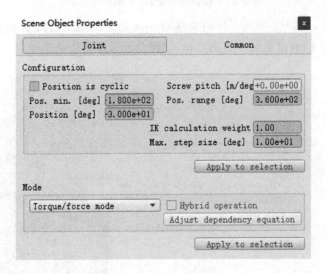

图 2-51　关节属性对话框

　　(5) 位置(Position[deg]):关节当前位置的值,可用于测试关节位置。

　　(6) IK 计算权重(IK calculation weight):逆运动学计算的关节选择的权重。

　　(7) 最大步长(Max. step size[deg]):一次运动学计算过程中的最大位置变化。步长过小会导致计算量增大。

　　(8) 模式(Mode):关节的控制模式。关节可以处于被动模式、逆运动学模式、力矩/力模式等。详见"关节模式"部分。

　　(9) 长度(Length[m]):关节的长度,仅用于显示。

　　(10) 直径(Diameter[m]):关节的直径,仅用于显示。

　　(11) 颜色(Adjust color A/B):颜色 A 为关节固定部分的颜色,颜色 B 为关节活动部分的颜色。

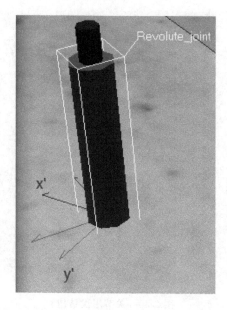

图 2-52　旋转关节正转 30°的新坐标系

对于平移关节,图 2-53 中的 $l'$分别为移动 0 m、0.5 m、0.7 m、1 m 的新坐标系,其中关节显示长度设置为 1 m,位置最小值为 0 m,位置范围长度为 1 m。

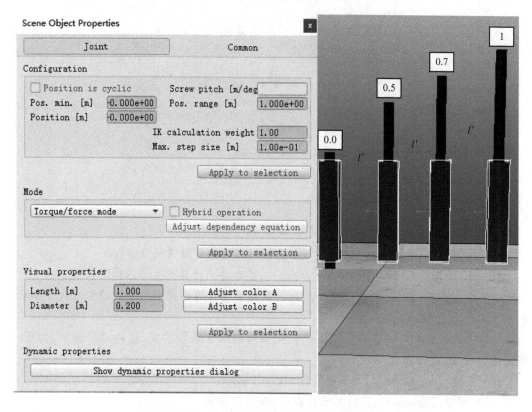

图 2-53　平移关节不同参数的显示效果

3）关节模式

为了配合关节使用,形状作为关节的子对象,可设置为动态(Dynamic、Non-static)或静态(Static)。

- 对于动态的子对象,关节需要设置为扭矩或力模式或者混合模式。
- 对于静态的子对象,关节需要设置为被动模式、逆运动学模式、从属模式。

关节有 6 种模式,具体如下。

(1) 被动模式(Passive mode):在该模式下,关节是固定连接,用户通过 API 函数 sim.setJointPositon()控制关节位置。

(2) 逆运动学模式(Inverse kinematics mode):在该模式下,关节由逆运动学计算模块使用。

(3) 从属模式(Dependent mode):在该模式下,关节位置由另一个关节决定。

(4) 混合模式(Hybrid operation):当关节处于以上 3 种模式(被动模式、逆运动学模式、从属模式)时,可以设置为混合模式运动。

(5) 扭矩或力模式(Torque or force mode):关节的子对象为动态时,才可设置为这个模式,否则将报错。在该模式下,关节位置由物理引擎决定。

(6) 关节动力学运动模式〔Motion mode(DEPRECATED)〕:该模式已被弃用。

关节动力学属性设置的对话框如图 2-54 所示。

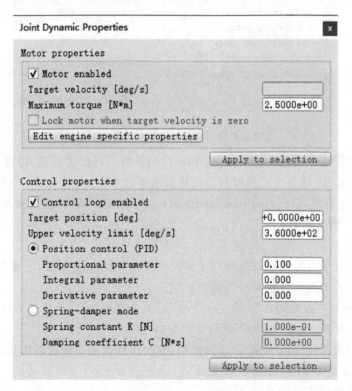

图 2-54　"关节动力学属性"对话框

① 电机启用(Motor enabled):若电机未启用,则关节是一个自由关节,开始仿真后,子对象在重力的作用下下落。

② 控制属性(Control properties):当电机启用而控制回路禁用时,需要使用 API 函数控制关节运动,关节将按照设定的最大扭矩(Maxinum torque[N * m])运动,速度不断增加,直到达到设置的目标速度(Target velocity[deg/s])。

当关节的电机启用和控制回路启用时,如图 2-55 所示,有两种控制模式可用。

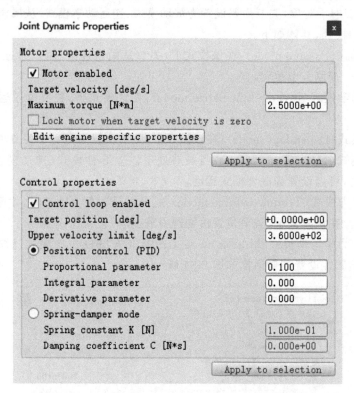

图 2-55　关节电机启用和控制回路启用时的两种控制模式

① 位置控制(PID)模式:关节将通过 PID 控制策略进行位置控制,可以设置 PID 参数。PID 参数的整定方法,请参考经典控制理论相关书籍。

② 弹簧-阻尼器模式(Spring-damper mode):关节将起到弹簧-阻尼器系统的作用,可设置弹簧常数 $K$ 和阻尼系数 $C$。

4) 关节模式示例

关节模式及其子对象的动态属性对于掌握关节的使用至关重要,下面的两个例子直观地展示了常用的关节模式设置对于仿真的影响。

**示例 1:** 在场景中按照图 2-56 建立一个平面、一个旋转关节、一个长方体,并建立父子关系,为查看 PID 调节的效果,增加了曲线显示窗口"Graph"。

旋转关节设置为扭矩或力模式,电机启用,控制属性使用位置控制模式,目标值(Target position[deg])设置为 135°,如图 2-57 所示。

曲线显示属性设置如图 2-58 所示。

启动仿真,仿真效果如图 2-59 所示,长方体运动到指定位置,曲线显示出 Z 坐标的变化过程。

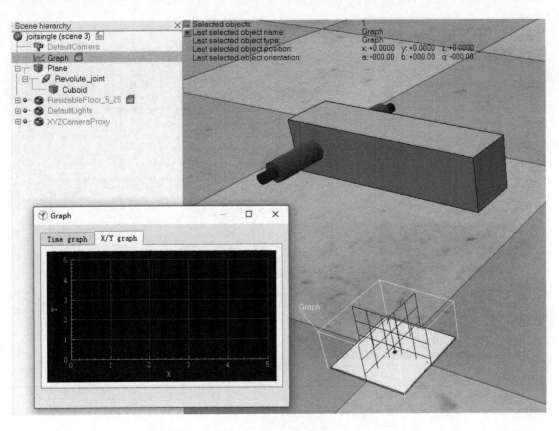

图 2-56　关节模式示例 1

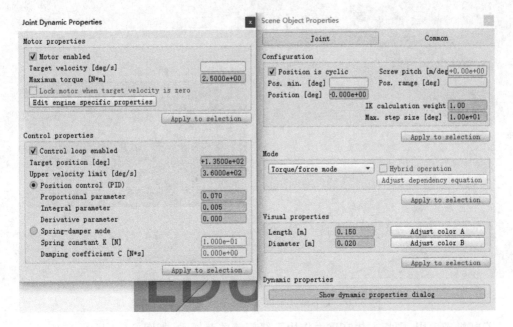

图 2-57　关节模式示例 1 的关节属性设置

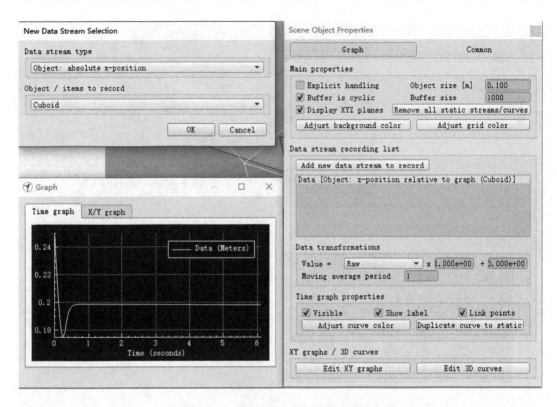

图 2-58 关节模式示例 1 的曲线显示属性设置

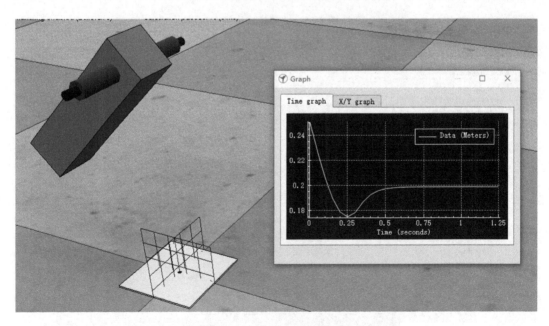

图 2-59 关节模式示例 1 的仿真效果（电机启用）

若电机未启用，则长方体在重力作用下绕旋转关节摆动，如图 2-60 所示。

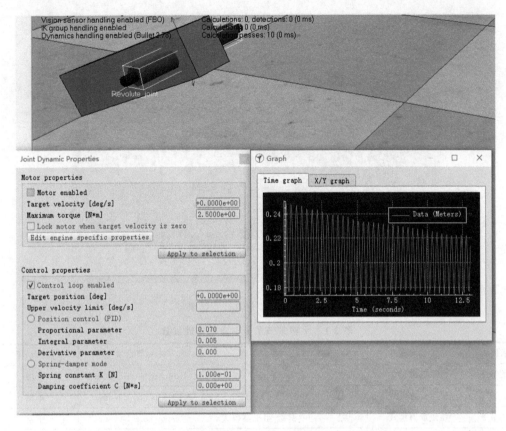

图 2-60　关节模式示例 1 的仿真效果（电机未启用）

**示例 2:** 在场景中按照图 2-61 建立两个长方体与平移关节。关节仿真运行结果如图 2-62 所示。平移关节及子对象的属性设置如表 2-1 所示。本例的复杂性在于,仿真时混合了重力对平移关节的竖直运动的影响。

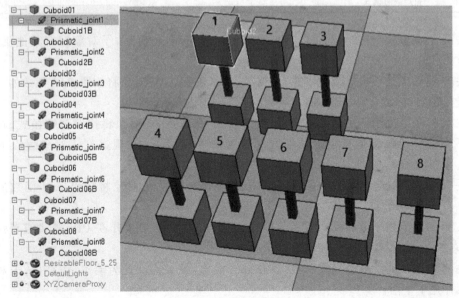

图 2-61　关节仿真运行前

图 2-62　关节仿真运行结果

**表 2-1　平移关节及子对象的属性设置**

| 示例名 | 关节模式 | 电机启用 | 控制属性 | 子对象设置 | 仿真结果 |
|--------|---------|---------|---------|-----------|---------|
| 关节 1 | 扭矩或力模式 | 否 | — | Responsible/Dynamic | 下落 |
| 关节 2 | 扭矩或力模式 | 是 | PID 模式 | Responsible/Dynamic | 不动 |
| 关节 3 | 扭矩或力模式 | 是 | 弹簧-阻尼器模式 | Responsible/Dynamic | 下落 |
| 关节 4 | 扭矩或力模式 | 是 | 否 | Responsible/Dynamic | 不动 |
| 关节 5 | 被动模式/混合模式 | — | PID 模式或弹簧模式 | Responsible/Dynamic | 不动 |
| 关节 6 | 被动模式 | — | — | Responsible/Dynamic | 下落 |
| 关节 7 | 被动模式 | — | — | Responsible/Static | 不动 |
| 关节 8 | 扭矩或力模式 | 否 | — | Responsible/Static | 警告、不动 |

关节 1：关节处于扭矩或力模式，但是电机没有启用，仿真后，子对象没有其他驱动力，将在重力作用下下落。

关节 2：关节处于扭矩或力模式，电机已启用，仿真后，子对象将按照 API 函数的指令运动，能够按照目标指令，以 PID 模式运动到指定位置。

关节 3：关节处于扭矩或力模式，电机已启用，仿真后，子对象将按照弹簧模式，在重力作用下下落。如果将弹簧阻尼的参数调整为图 2-63 所示，将观察到子对象缓慢下落的过程。

关节 4：关节处于扭矩或力模式，电机已启用，仿真后，子对象将按照 API 函数的指令运动。

关节 5：关节处于被动模式或混合模式，电机默认启用，可工作在 PID 模式或者弹簧模式，仿真后，子对象将按照 API 函数的指令运动。

关节 6：关节处于被动模式，但是不在混合模式，子对象设置为动态，仿真后，子对象将在重力作用下下落。

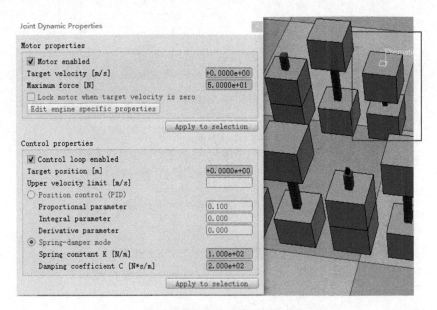

图 2-63 关节在弹簧-阻尼器模式运行的结果

关节 7:关节处于被动模式,但是不在混合模式,子对象设置为静态,电机已启用,仿真后,子对象保持不动。

关节 8:关节处于扭矩或力模式,子对象设置为静态,仿真后,提示报错。关节的子对象不能设为静态。

## 2.5.5 标记点

1) 标记点的功能

标记点(Dummy)是一种有位姿(位置和姿态)信息的辅助点,仅具有图形显示意义,一般与其他对象一起使用。场景中的其他对象一般是实体或有其他功能的非实体,很难实现空间中的点定位,因此,CoppeliaSim 软件设计了标记点,以实现空间中点的精确定位。标记点有以下功能。

- 用于对象或坐标系的定位。例如,形状的顶点编辑模式中,可以由顶点直接创建标记点,用标记点实现对象的定位。
- 标记点可以设置碰撞、测量和检测等属性,这些属性可以不依赖实体对象存在。
- 用作模型的基础点:勾选对象属性的"Object is model base",标记点将作为模型基础点的首选。详见"对象通用属性"一节。
- 路径(Path)的跟随对象:标记点可以沿着路径运动,作为"领航点",实时获取当前时刻路径上的位姿,标记点是唯一可以被指定为跟随路径的对象,参见本节示例 1。
- 作为模型的子对象,实现定位等功能,例如绑定到机械臂的末端作为"引导点",逆运动学计算模块通过这个标记点的位姿来求解各关节的角度,参见本节示例 2。
- 作为运动学逆解计算的基础点,参见本节示例 3。

2) 标记点的属性

标记点的属性对话框如图 2-64 所示。

图 2-64　标记点的属性对话框

- 链接的标记点（Linked dummy）：标记点链接的另外一个标记点，与下一项"链接类型"匹配使用。两个标记点链接之后，在场景对象结构图中会出现连接线。
- 链接类型（Link type）：可设置为动力学重叠约束（Dynamics，overlap constraint），则两个标记点所在的两个对象会自动连接到一起，这两个对象将尝试重叠其各自的位置/方向以创建动力学循环闭合约束。如示例 2 所示，有两个标记点，以及这两个标记点的父对象，启动仿真之后，这两个对象会重叠在一起。如果指定为逆运动学、末端-目标对（IK、tip-target），则两个链接的标记点用于逆运动学计算，参见示例 3。

3）标记点示例

**示例 1**：使标记点跟随某一条路径运动。

（1）先在场景中添加 Dummy 和 Path 对象，再将这个 Dummy 拖动到对应的 Path 下面，如图 2-65 所示。

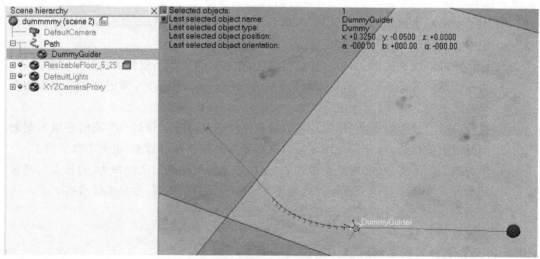

图 2-65　标记点跟随路径运动

（2）为标记点创建一个线程子脚本（Child script）来获取标记点的运动信息，在仿真运行时，这个 Child script 会启动一个新的线程。Lua 脚本如下：

```
function sysCall_threadmain()
    -- 获取标记点对象的句柄
    dummy_guider_handle = sim.getObjectHandle('DummyGuider')
    -- 获取路径对象的句柄
    path_handle = sim.getObjectHandle('Path')
    -- 打印信息
print('start follow path')
    -- 设定标记点对象跟随路径。sim.followPath 参数中的数字 3 表示同时获取 Path
的位置和姿态信息（1 表示只获取位置，2 表示只获取姿态），0.5 表示 Dummy 运动速度 0.5m/s，
加速度为 0.2m/s2。
    sim.followPath(dummy_guider_handle, path_handle, 3, 0, 0.5, 0.2)
end
```

调用 sim. getObjectPosition（）和 sim. getObjectOrientation（）两个函数可以获取 Dummy 的位置和姿态，从而控制机器人或其他对象跟随 Dummy 运动，即跟随规划好的 Path 运动，使用方法如下：

```
-- sim.getObjectPosition()参数中的 -1 表示获取的是世界坐标系下的位置和姿态
信息
    dummy_guider_position = sim.getObjectPosition(dummy_guider_handle, -1)
    dummy_guider_orientation = sim.getObjectOrientation(dummy_guider_handle, -1)
```

**示例 2**：链接类型（Link type）为动力学重叠约束（Dynamics, overlap constraint）的仿真设置和效果分别如图 2-66 和图 2-67 所示。

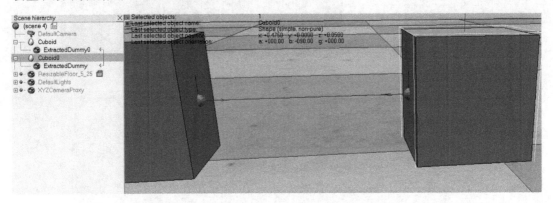

图 2-66　链接类型为动力学重叠约束的仿真设置

**示例 3**：链接类型（Link type）为逆运动学、末端-目标对（IK、tip-target）的效果。

（1）在场景中添加关节和连杆，建立机器人模型。

（2）添加 3 个标记点，如图 2-68 所示分别为：底座基础 base、机器人目标点 target、机器人末端 tip。标记点 base 用于定义运动学逆解计算的坐标原点，必不可少；标记点 target 和 tip 组成末端-目标对，用于确定机器人末端的跟踪关系。需要让 target 和 tip 成为 base 的子对象，才可以进行运动学逆解计算。计算模块中的运动学逆解参数设置如图 2-69 所示。

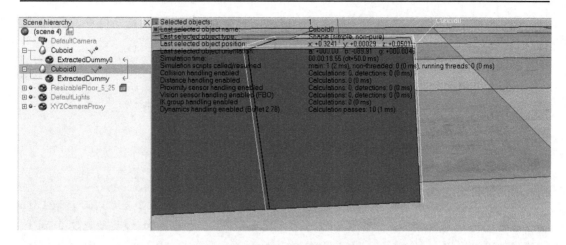

图 2-67　链接类型为动力学重叠约束的仿真效果

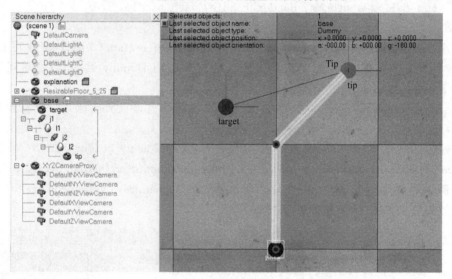

图 2-68　机器人模型层次关系

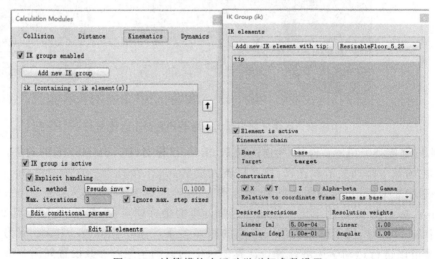

图 2-69　计算模块中运动学逆解参数设置

### 2.5.6　路径

路径(Path)是在空间中定义轨迹的对象,通常与标记点一起使用,显示或定义其他对象的运动路径。路径有两种基本类型:线段类型(Segment type)、圆类型(Circle type)。

此外,还可以在形状的边缘编辑模式,从形状边缘生成路径或从文件导入路径(.csv 格式)。

1) 路径编辑

路径通过控制点来定义贝塞尔(Bezier)曲线。当路径被选择时,控制点才可见。新增加的路径比较简单,一般都需要二次编辑,选择待编辑的路径对象,单击工具栏按钮 即可打开路径编辑模式。

如图 2-70 所示,路径的第一个控制点(起点)表示为球体,其余控制点表示为立方体。进入路径编辑模式后,在左侧的导航窗体可以添加增加和删除控制点,工具栏的对象移动按钮 依然有效。再次单击 可退出路径编辑模式。

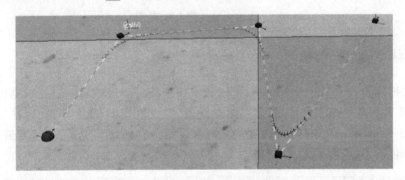

图 2-70　路径控制点

2) 路径示例

**示例**:串联六轴机器人跟随路径运动。

路径跟随功能常用于实现串联六轴机器人沿指定路径运动。本例使用模型库自带的 ABB 机器人 IRB4600,该机器人定义了目标点"IRB4600_IkTarget"和标记点的 tip-target 链接,也可以使用其他机器人模型,但是需要建立 tip-target 标记点链接。机器人逆解的计算使用逆解计算模块。在场景中添加 ABB IRB4600、线段类型路径、线程子脚本等对象,如图 2-71 所示。

在 Scripts 对话框中,将 IRB4600 的自带脚本禁用,在 PathABB 添加如下线程子脚本:

```
function sysCall_threadmain()
    -- 获取句柄
    pathHandle = sim.getObjectHandle("PathABB")
    ikTarget = sim.getObjectHandle('IRB4600_IkTarget')
    -- 以指定速度跟随路径。因需要连续运行,所以本函数只能用于线程子脚本
    sim.followPath(ikTarget,pathHandle,3,0,0.5,0.2)
end
```

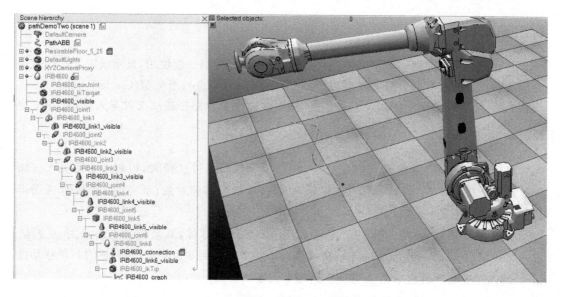

图 2-71　串联六轴机器人跟随路径运动

## 2.5.7　接近觉传感器

接近觉传感器(Proximity Sensor)可以表示超声波、红外线等传感器,根据传感器的扫描形态,有 6 种扫描类型表示形式,分别为射线型、随机射线型、金字塔型、圆柱型、盘型、圆锥型,如图 2-72 所示。从软件仿真的角度讲,射线型传感器计算量最少,速度最快;圆锥型传感器计算量最大,速度最慢、最精确。

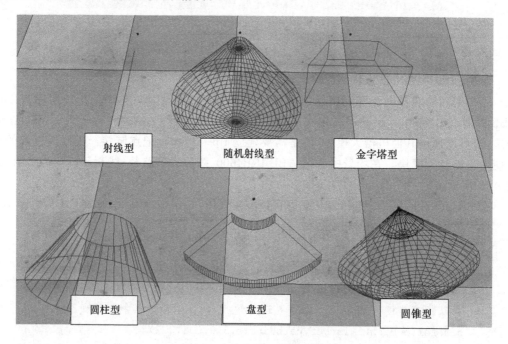

图 2-72　接近觉传感器扫描类型

每个接近觉传感器上都有一个感应点（Sensing point），在图 2-72 中表示为小球体。接近觉传感器计算该感应点与可检测实体最近的距离，启动仿真之后，如图 2-73 所示，最近的距离将以闪烁的黑色实线表示。

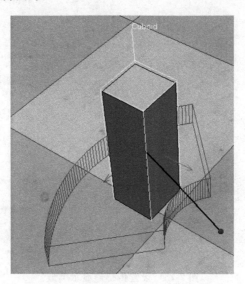

图 2-73　接近觉传感器获得的最近距离

当接近觉传感器检测到对象时，将执行相应的回调函数 sysCall_trigger()。

1）接近觉传感器的属性

接近觉传感器的属性对话框如图 2-74 所示。

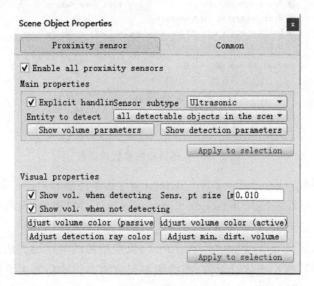

图 2-74　接近觉传感器的属性对话框

（1）显式处理（Explicit handling）：标记该传感器是否为显式处理对象。若为显式处理，需要手动在脚本中处理，在主函数中不做处理。主函数中的传感器处理函数 sysCall_sensing() 中，系统默认的参数是 sim.handle_all_except_explicit，当调用的是 sim.

handleProximitySensor（SIM. HANDLE ＿ ALL）或 sim. handleProximitySensor（proximitySensorHandle）时才会处理。

（2）设置传感器显示类型（Show volume parameters）：如图 2-75 所示，可切换为其他显示类型。

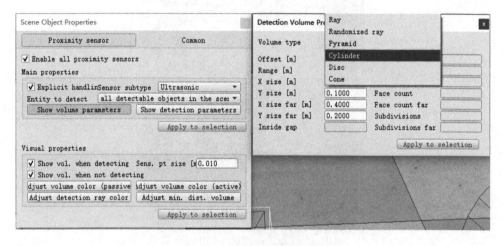

图 2-75　设置传感器显示类型

（3）显示检测参数（Show detection parameters）：如图 2-76 所示，打开接近觉传感器检测参数对话框。

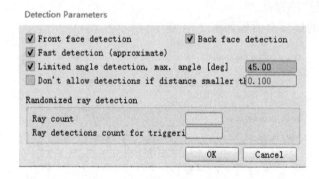

图 2-76　传感器检测参数对话框

- 正面/背面检测（Front/Back face detection）：选择传感器检测对象的正面或背面。

- 快速检测（近似）〔Fast detection（approximate）〕：勾选后，检测速度增快，但精度下降。

- 有限角度检测（Limited angle detection）：设定检测线与被测面法向向量之间的最大角度。若实际值小于该设置值，则检测不到被测面。该功能主要用于模拟超声波接近感应器，此类传感器通常无法检测到没有足够表面的物体。如图 2-77 所示，向下的粗箭头表示被测面的法向向量，检测线与该法向向量夹角约 30°，有限角度检测值设置为 25°，则无法检测到最近表面；如图 2-78 所示，若有限角度检测值设置为 60°，则能够检测到最近表面。

- 如果距离小于以下，则不允许进行检测（Don＇t allow detections if distance smaller

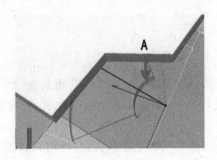

图 2-77　传感器有限角度检测值设置为 25°，无法检测到最近表面

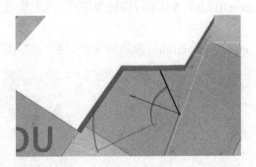

图 2-78　传感器有限角度检测值设置为 60°，能够检测到最近表面

than)：该功能模拟某些传感器（例如超声波传感器）的最小检测距离，小于该距离，传感器将不再工作。

2）接近觉传感器示例

接近觉传感器的脚本使用示例如下：

```
function sysCall_init()
    -- 计数器
    counter = 0
    -- 上一次检测到的状态
    previousDetectionState = 0
    -- 获取句柄
    sensorHandle = sim.getObjectHandle("CountingGateSensor")
end
function sysCall_sensing()
    -- 获取检测结果
    detectionState = sim.handleProximitySensor(sensorHandle)
    -- 若检测到物体,计数器加 1
    if ((detectionState = = 1)and(previousDetectionState = = 0)) then
        counter = counter + 1
    end
end
```

## 2.5.8 视觉传感器

1) 视觉传感器简介

视觉传感器(Vision sensor)拍摄被测对象,可获得灰度、RGB 和深度等信息。视觉传感器的性能与其分辨率相关,有时为了提高系统运行效率,视觉传感器可设置为只拍摄指定对象。

如图 2-79 所示,视觉传感器有两种工作模式,透视模式和正交模式,二者的区别也只有镜头上的差异。

- 正交模式(Orthographic projection):视场为矩形,用于模拟近距离红外传感器或激光测距仪。
- 透视模式(Perspective projection):视场为锥形,用于相机类型的传感器。

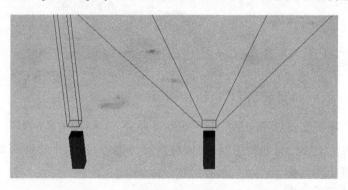

图 2-79　正交投影型与透视投影型视觉传感器

视觉传感器坐标系与图像坐标系的约定如下:视觉传感器的 Z 轴沿着视线方向,X 轴指向视觉传感器左侧,Y 轴向上;拍摄到的图像的 X 轴指向右侧,Y 轴向上。如图 2-80 所示。

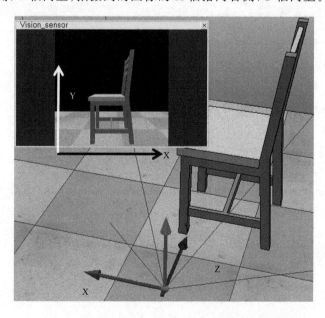

图 2-80　视觉传感器坐标系与图像坐标系

获取到的图像的像素编号也从左下角开始,如图 2-81 所示。

| 13 | 14 | 15 | 16 |
|----|----|----|----|
| 9  | 10 | 11 | 12 |
| 5  | 6  | 7  | 8  |
| 1  | 2  | 3  | 4  |

图 2-81　图像的像素编号

2) 视觉传感器的属性

视觉传感器的属性对话框如图 2-82 所示。

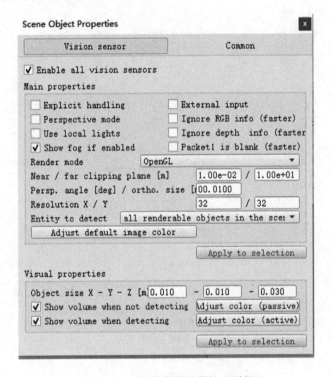

图 2-82　视觉传感器的属性对话框

- 显式处理(Explicit handling):是否显式处理,即是否手动控制相机脚本的触发。
- 外部输入(External input):处理外部图像勾选。
- 忽略 RGB 信息(更快)〔Ignore RGB info(faster)〕:忽略视觉传感器的 RGB 信息,即颜色。不使用颜色信息可勾选此项。
- 忽略深度信息(更快)〔Ignore depth info(faster)〕:忽略视觉传感器的深度信息。不使用深度信息可勾选此项。
- Packet1 为空(更快)〔Packet1 is blank(faster)〕:Packet1 包是辅助值数据包,用于保存图像上的灰度、RGB、深度的最小/最大/平均值,这些信息通过遍历图中所有的像素点获得,因此对于分辨率很大的图像计算会变慢。如果勾选此选项,则不计算 Packet1 包,以提高系统速度;如果不勾选,则可使用 sim. readVisionSensor()、sim.

handleVisionSensor() 等函数获取这个辅助值数据包。

- 渲染模式(Render mode):可设置使用 OpenGL、OpenGL3、POV-Ray、外部渲染器等工具。
- 近/远剪裁平面(Near / far clipping plane[m]):相机的最近/最远拍摄距离。
- 透视角度(Persp. angle[deg]):传感器处于透视模式(如图 2-83 所示)时相机的张角。
- 正交尺寸(Ortho. size[m]):传感器处于正交模式(如图 2-84 所示)时检测体积的最大尺寸(沿 X 或 Y 方向)。

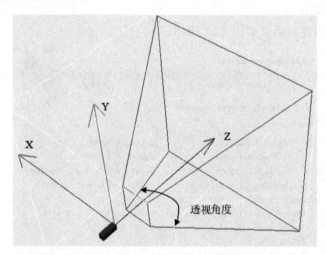

图 2-83　透视模式参数说明

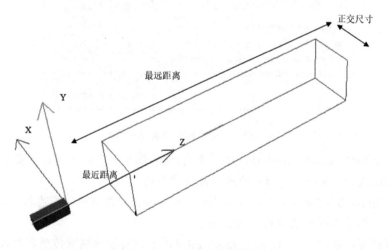

图 2-84　正交模式参数说明

- 分辨率 X/Y(Resolution X/Y):设置视觉传感器图像的 X/Y 方向分辨率,数值上应设置为 2 的 $N$ 次方,否则在某些显卡上会出错。
- 要检测的实体(Entity to detect):指定要拍摄的对象,包括全部场景对象或指定的对象。

- 调整默认图像颜色（Adjust default image color）：未渲染的区域使用的颜色。默认使用环境雾颜色。

3）视觉回调函数（Vision callback functions）

VREP 中视觉传感器对象有专门的过滤器（Filter）设置选项，但在 Coppeliasim 中只能通过脚本进行处理。回调函数是特殊的脚本函数，每当获取或应用新图像时，系统都会自动调用视觉回调函数。用户将视觉处理的内容写到该函数中。

在自定义脚本、非线程子脚本、线程子脚本均可以编写视觉回调函数，示例如下。

```
function sysCall_vision(inData)
    -- inData.handle : the handle of the vision sensor.
    -- inData.resolution : the x/y resolution of the vision sensor
    -- inData.clippingPlanes : the near and far clipping planes of the
vision sensor
    -- inData.viewAngle : the view angle of the vision sensor (if in persp. proj.
mode)
    -- inData.orthoSize : the ortho size of the vision sensor (if in orth. proj.
mode)
    -- inData.perspectiveOperation : true if the sensor is in persp. proj. mode

    local outData = {}
    outData.trigger = false -- true if the sensor should trigger
    outData.packedPackets = {} -- a table of packed packets. Can be accessed via e.
g. sim.readVisionSensor
    return outData
end
```

4）视觉插件（Vision Plugin）和图像插件（Image Plugin）

Coppeliasim 提供了视觉插件（Vision Plugin）和 OpenCV 图像插件（Image Plugin），即函数库，函数前缀分别为 simVision 和 simIM。这些函数可以直接在脚本中使用。

（1）视觉插件

视觉插件包括基本的图像处理 API 函数和针对个别厂家型号的视觉传感器专用处理函数。基本的图像处理 API 函数如下。

- 图像旋转：simVision.rotateWorkImg()。
- 图像缩放：simVision.resizeWorkImg()。
- 图像水平：simVision.horizontalFlipWorkImg()。
- 竖直翻转：simVision.verticalFlipWorkImg()。
- 边缘检测：simVision.edgeDetectionOnWorkImg()。
- 图像锐化：simVision.sharpenWorkImg()。
- 二值化处理：simVision.binaryWorkImg()。
- 连通区域检测：simVision.blobDetectionOnWorkImg()。
- 获取图像传感器的图像信息：getVisionSensorCharImage()。

- 保存图像到文件：sim. saveImage()。

视觉传感器拍摄彩色图像（color image）和深度图像（depth image），每个仿真周期更新图像。这两个图像信息传送到一个图像工作区（Work image）和两个缓存区（Buffer1/2 image），可以对这些区域中的图像进行处理，例如将工作区图像复制到缓存区 simVision. workImgToBuffer1()等。处理后的图像放置到图像输出区。各图像区域的关系如图 2-85 所示。

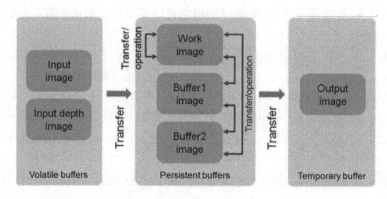

图 2-85　图像区域的关系

使用视觉插件获取全部及部分场景图像的脚本示例如下：

```
-- 视觉传感器句柄
visionSensor = sim.getObjectHandle('VisionObj')
-- 读取传感器内容,获取全部图像
image, resX, resY = sim.getVisionSensorCharImage(visionSensor)
-- 保存传感器图片到本地
sim.saveImage(image,{resX,resY},0,'C:\\demo.png', - 1)
-- 获取部分图像
-- 函数 5 个参数分别是:截取图像的 X、Y 坐标,截取图像的 X、Y 长度,图像模式
image, resX, resY = sim.getVisionSensorCharImage(topSensor, 0, 0, 100, 100, 0)
sim.saveImage(image,{100,100},0,'C:\\demo.png',0)
```

（2）图像插件

若需要对图像的每个像素进行处理，可使用 OpenCV 图像插件，常用 API 函数如下。

- 逐像素取反：simIM. bitwiseNot()。
- 逐像素求或：simIM. bitwiseOr()。
- 逐像素比较：simIM. compare()。
- 画线：simIM. line()。
- 输出文字：simIM. text()。

受限于 CoppeliaSim 的 Lua 语言编程功能和执行效率，复杂的视觉类算法可以使用 CoppeliaSim 之外的软件编写，例如 Python、MATLAB 或 C++等，再借用远程 API 函数或插件技术实现与 CoppeliaSim 的结合，CoppeliaSim 更像是一个提供了场景和对象的试验平台。

5）视觉传感器示例

**示例 1：**正交投影型视觉传感器可用于检测局部区域的颜色，作为颜色传感器使用。

该例实现了立方体带着视觉传感器移动，当立方体位于路径线的上方时，视觉传感器检测到路径线的颜色，在状态栏输出"False"；当没有检测到路径线，则在状态栏输出"True"。

（1）先在场景中添加 VisionSensor、Cuboid 和 Path 对象，再将 VisionSensor 拖动到对应的 Cuboid 下面，调整位置和 Path 对象的路径颜色，如图 2-86 所示。

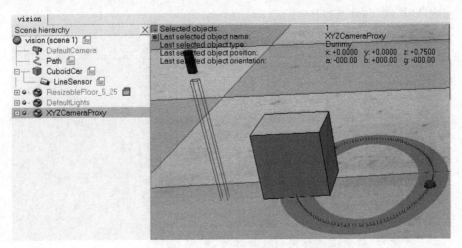

图 2-86　正交投影型视觉传感器场景

（2）如图 2-87 所示，设置视觉传感器的属性，调整分辨率和最近最远距离的参数。

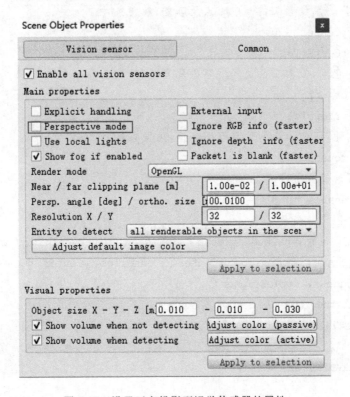

图 2-87　设置正交投影型视觉传感器的属性

（3）在视觉传感器的属性中添加非线程脚本，sysCall_vision（）将在主脚本执行 sim. handleVisionSensor（）时处理，脚本内容如下：

```
function sysCall_vision(inData)
    -- 定义返回值
    local retVal = {}
    -- 初始化返回值
    retVal.trigger = false
    retVal.packedPackets = {}
    -- 将视觉传感器获取到的 RGB 图像复制到工作图像，工作图像是用于图像处理的
区域
    simVision.sensorImgToWorkImg(inData.handle)
    -- 将 RGB 图像处理成二值图像
    -- 像素 0 或 1 的阈值
    local threshold = 0.5
    -- 正则化后，像素 1 所占的比例及容差，触发条件
    local oneProportion = 1
    local oneTol = 0.1
    -- 正则化后，像素 1 的 x 中心点及容差，触发条件
    local xCenter = 0.5
    local xCenterTol = 1
    -- 正则化后，像素 1 的 y 中心点及容差，触发条件
    local yCenter = 0.5
    local yCenterTol = 1
    -- 正则化后，像素 1 的边界框姿态及容差，触发条件
    local orient = 0
    local orientTol = 1.57
    -- 正则化后，像素 1 的边界框圆整值，触发条件
    local roundness = 1
    -- 是否触发
    local enableTrigger = true
-- 将工作区图像二值化
    local trig, packedPacket = simVision. binaryWorkImg ( inData. handle,
threshold, oneProportion, oneTol, xCenter, xCenterTol, yCenter, yCenterTol, orient,
orientTol, roundness, enableTrigger)
    if trig then
        retVal.trigger = true
    end
    if packedPacket then
```

```
            retVal.packedPackets[♯retVal.packedPackets+1]=packedPacket
        end
        return retVal
    end
```

（4）在 Path 对象建立线程脚本，完成视觉传感器的检测功能，脚本内容如下：

```
function sysCall_threadmain()
    -- 获取视觉传感器句柄
    LineSensor = sim.getObjectHandle("LineSensor")
     while sim.getSimulationState() ~ = sim.simulation _ advancing _
abouttostop do
        -- 当检测到物体，输出 1.sim.readVisionSensor()仅返回上一次执行 sim.
handleVisionSensor()函数的执行结果
        if sim.readVisionSensor(LineSensor) = = 1 then
            -- 若检测到，在状态栏显示"true"
            sim.addStatusbarMessage("true")
        else
            -- 若没有检测到，在状态栏显示"false"
            sim.addStatusbarMessage("false")
        end
    end
end
```

（5）在 Cuboid 建立线程脚本，完成立方体的移动功能，脚本内容如下：

```
function sysCall_threadmain()
    CuboidCar = sim.getObjectHandle("CuboidCar")
    -- 当前速度和加速度
    local currentVel = {0,0,0,0}
    local currentAccel = {0,0,0,0}
    -- 最大速度、加速度、加加速度
    local maxVel = {0.02,0.02,0.2,0.2}
    local maxAccel = {0.1,0.1,0.1,0.1}
    local maxJerk = {0.1,0.1,0.1,0.1}
    -- 目标位置和目标点速度
    local targetPos = {1,0,0}
    local targetVel = {0,0,0,0}
    -- 移动立方体穿过路径
     sim.rmlMoveToPosition(CuboidCar, - 1, - 1, currentVel, currentAccel,
maxVel, maxAccel, maxJerk,targetPos, nil,targetVel)
    end
```

**示例 2**：透视投影型视觉传感器。

在示例 1 的基础上,增加一个透视投影型视觉传感器,如图 2-88 所示,用于拍摄示例 1 的场景,并对获取到的图像进行画圆处理和显示。

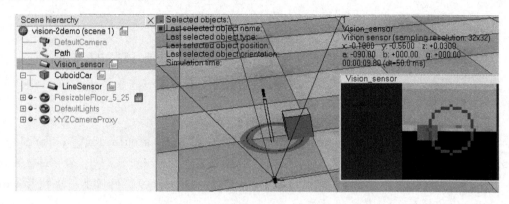

图 2-88　透视投影型视觉传感器场景

(1) 在场景中添加一个视觉传感器,放置到能拍摄到示例 1 的对象的位置,并勾选"显式处理",属性设置如图 2-89 所示。

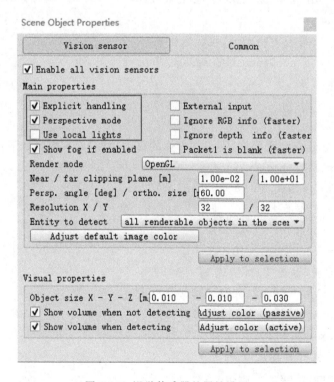

图 2-89　视觉传感器的属性设置

(2) 如图 2-90 所示,在场景中添加一个浮动视图,并与步骤(1)添加的视觉传感器关联。

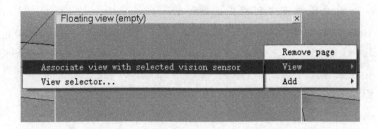

图 2-90　浮动视图关联视觉传感器

（3）在新的视觉传感器新建非线程脚本，脚本主要内容如下：

```
function sysCall_init()
    sensorH = sim.getObjectAssociatedWithScript(sim.handle_self)
    counter = 0
    -- 第 5 帧处理一次
    handleEvery = 5
    -- 检查 Image Plugin 是否加载成功
    if not simIM then
        sim.msgBox(sim.msgbox_type_warning,sim.msgbox_buttons_ok,"Image
Plugin","The image plugin(simExtImage) was not found, or could not correctly be
loaded. Image processing based on that plugin will not be executed.")
    end
end
function sysCall_sensing()
    -- 每 5 个帧处理一次图像
    if(counter % handleEvery) == 0 then
        local trigger,packet1,packet2 = sim.handleVisionSensor(sensorH)
        -- 若触发视觉传感器，在状态栏发送提示信息
        if trigger then
            sim.addLog(sim.verbosity_scriptinfos,"Sensor was triggered.
Packet 2 contains: "..getAsString(packet2))
        end
    end
    -- 计数器加 1
    counter = counter + 1
end

function sysCall_vision(inData)
    if simIM then
        -- 1.获取图像句柄
        local imgHandle = simIM.readFromVisionSensor(inData.handle)
```

```
    -- 2. 设置图像中心和待画圆的半径
    local center = {inData.resolution[1]/2,inData.resolution[2]/2}
    local radius = (inData.resolution[1] + inData.resolution[2])/8
    -- 在图像上绘制圆形,颜色 RGB 为{255,0,0},线宽 1 像素
    simIM.circle(imgHandle,center,radius,{255,0,0},1)
    -- 3. 将图像发送到视觉传感器,在视图中显示出来
    simIM.writeToVisionSensor(imgHandle,inData.handle)
    -- 销毁句柄
    simIM.destroy(imgHandle)
  end
  -- 输出图像处理结果,返回值也是 sim.handleVisionSensor()的返回值
  outData = {}
  outData.trigger = true
  outData.packedPackets = {sim.packFloatTable({1,2,3})}
  return outData
end
```

**示例 3**:获取深度图和灰度图。

彩色图像包含非常丰富的色彩,但是在机器人视觉中有时不会对全部颜色信息感兴趣,而是仅仅关心拍摄物体的轮廓或远近,此时就需要对彩色图像进行简化处理后得到灰度图或深度图。

该示例的目的在于获得图像各像素点的深度图、灰度图和 RGB 值,像素为 $4 \times 4$,视觉传感器的属性设置如图 2-91 所示。图 2-92 所示为获取到的图像。

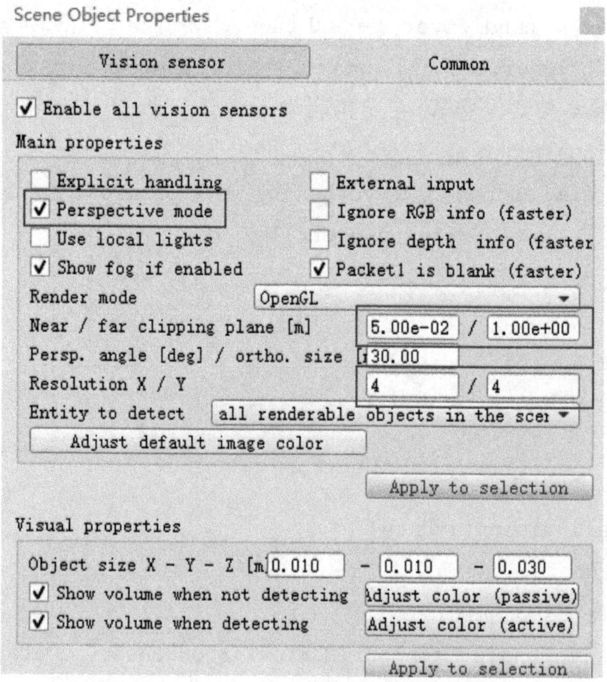

图 2-91　示例 3 中视觉传感器的属性设置

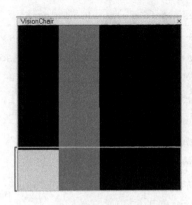

图 2-92　视觉传感器获取的图像

状态栏输出的最底行的深度、灰度、RGB 数据如图 2-93 所示。

```
[VisionChair@childScript:info]        Depth info  0.78,0.78,1.00,1.00
[VisionChair@childScript:info]        Grey info   0.49,0.28,0.00,0.00
[VisionChair@childScript:info]        RGB  info[1]  0.58,0.49,0.40
[VisionChair@childScript:info]        RGB  info[2]  0.12,0.12,0.61
[VisionChair@childScript:info]        RGB  info[3]  0.00,0.00,0.00
[VisionChair@childScript:info]        RGB  info[4]  0.00,0.00,0.00
```

图 2-93　视觉传感器状态栏输出

获取的深度信息没有单位,不是真实的深度值,而是归一化的数值,取值范围为 0~1,离传感器最近的值为 0,最远的值为 1。最近值和最远值在视觉传感器属性中设置。

示例 3 的脚本主要内容如下:

```
function sysCall_init()
    -- 获取视觉传感器句柄
    sensor = simGetObjectHandle("VisionChair")
end


function sysCall_sensing()
    -- 本函数获取的深度信息并不是真实的深度值,而是归一化的数值,取值范围 0~
1 ,离传感器最近的值为 0,最远的值为 1。
    depthMap = simGetVisionSensorDepthBuffer(sensor)
    info = string.format("Depth info %.2f,%.2f,%.2f,%.2f", depthMap[1],
depthMap[2], depthMap[3], depthMap[4])
    sim.addStatusbarMessage(info)
    -- 灰度值在 0~1 的范围内(0 代表强度最小,1 代表强度最大)
    -- 若想获得灰度图,在视觉传感器的句柄里 + sim_handleflag_greyscale
    imageBuffer = simGetVisionSensorImage(sensor + sim_handleflag_
greyscale)
    info = string.format("Grey info %.2f,%.2f,%.2f,%.2f", imageBuffer
[1], imageBuffer[2], imageBuffer[3],imageBuffer[4])
```

```
        sim.addStatusbarMessage(info)
        -- 获得 RGB 值,返回一维表 imageBuffer 的长度为 sizeX * sizeY * 3,
        imageBufferRGB = simGetVisionSensorImage(sensor)
        -- 最下一行第 1 列,第 1 个像素的 RGB
        info = string.format("RGB info[1] %.2f,%.2f,%.2f",imageBufferRGB[1],
imageBufferRGB[2],imageBufferRGB[3])
        sim.addStatusbarMessage(info)
        -- 最下一行第 2 列,第 2 个像素的 RGB
        info = string.format("RGB info[2] %.2f,%.2f,%.2f",imageBufferRGB[4],
imageBufferRGB[5],imageBufferRGB[6])
        sim.addStatusbarMessage(info)
        -- 最下一行第 3 列,第 3 个像素的 RGB
        info = string.format("RGB info[3] %.2f,%.2f,%.2f",imageBufferRGB[7],
imageBufferRGB[8],imageBufferRGB[9])
        sim.addStatusbarMessage(info)
        -- 最下一行第 4 列,第 4 个像素的 RGB
        info = string.format("RGB info[4] %.2f,%.2f,%.2f",imageBufferRGB
[10],imageBufferRGB[11],imageBufferRGB[12])
        sim.addStatusbarMessage(info)
        -- 获取全部图像,并保存到文件
        image, resX, resY = sim.getVisionSensorCharImage(sensor)
        -- 保存传感器图片到本地,(resX、resY 为 4)
        sim.saveImage(image,{resX, resY}, 0, 'C:\\VisionDemo1.png', -1)
        -- 获取部分图像,并保存到文件
        -- 参数:截取图像的 X、Y 坐标,截取图像的 X、Y 长度
        image, resX, resY = sim.getVisionSensorCharImage(sensor, 0, 0, 3,3)
        -- 保存传感器图片到本地,大小为 3x3
        sim.saveImage(image,{3, 3},0,'C:\\VisionDemo2.png', 0)
    end
```

## 2.5.9 力传感器

1) 力传感器的功能

力传感器(Force sensor)用于测量它所连接的两个对象之间的刚性连接所传递的力和扭矩。如图 2-94 所示,力传感器可以测量沿 X 轴、Y 轴、Z 轴的力以及绕这 3 个轴旋转的扭矩,共 6 个量,所以力传感器也称六维力传感器。

若力或扭矩超限,则触发回调函数。如果力过大,仿真过程中力传感器可能会损坏,显示为力传感器的旋转轴与主体分开,参见本小节的示例。

2) 力传感器的属性

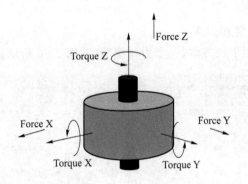

图 2-94　力传感器

力传感器的属性对话框如图 2-95 所示。

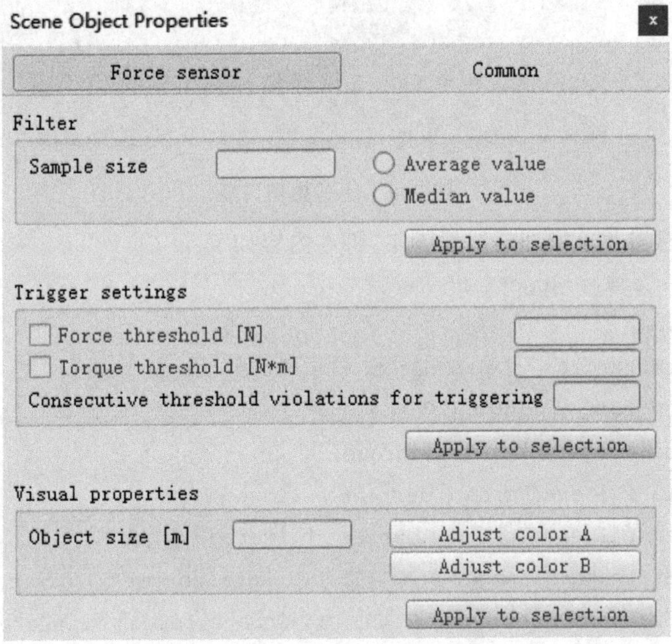

图 2-95　力传感器的属性对话框

力传感器在采集数据时,会进行多次采样,再取平均值或中值,以过滤抖动。

- 样本数量(Sample size):采样数量。数量为 1 表示不使用滤波。
- 平均值(Average value):输出使用平均值。
- 中值(Median value):输出使用中值。
- 触发设置(Trigger settings):满足触发条件后,系统调用触发器回调函数 function sysCall_ trigger ( )。可设置力阈值(Force threshold)和扭矩阈值(Torque threshold)。
- 连续突破阈值(Consecutive threshold violations for triggering):在触发之前允许传感器连续超过阈值的次数。
- 视觉属性(Visual properties):仅具有显示意义。

3）力传感器示例

**示例**：力传感器的报警和损坏。

（1）在场景中增加两个长方体、一个力传感器，按图 2-96 所示建立层次关系。

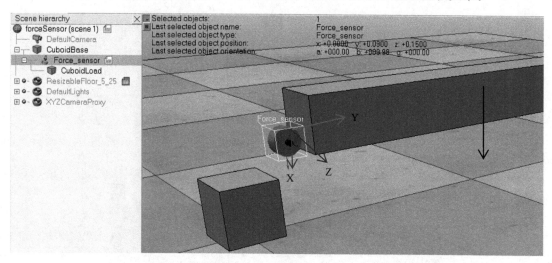

图 2-96　力传感器场景

（2）在力传感器对象增加非线程脚本，脚本内容如下：

```
function sysCall_trigger(inData)
    -- We have：
    -- inData.handle：the handle of the force/torque sensor.
    -- inData.force：current force
    -- inData.torque：current torque
    -- inData.filteredForce：current filtered force
    -- inData.filteredTorque：current filtered torque
    simAddStatusbarMessage('x 方向的力,inData.force1 '..inData.force[1])
    simAddStatusbarMessage('y 方向的力, inData.force2 '..inData.force[2])
    simAddStatusbarMessage('z 方向的力, inData.force3 '..inData.force[3])
    simAddStatusbarMessage('x 方向的扭矩 inData.torque1 '..inData.torque[1])
    simAddStatusbarMessage('y 方向的扭矩 inData.torque2 '..inData.torque[2])
    simAddStatusbarMessage('z 方向的扭矩 inData.torque3 '..inData.torque[3])
    local alarm_HH = 0.1
    if math.abs(inData.torque[3])> alarm_HH then
        simAddStatusbarMessage('严重超载')
        -- 严重超载,断裂
        sim.breakForceSensor(inData.handle)
    else
        -- 一般高,报警
```

```
        simAddStatusbarMessage('alarm')
    end
end
```

（3）运行程序,调整力传感器的阈值,直到力传感器断裂,效果如图 2-97 所示。

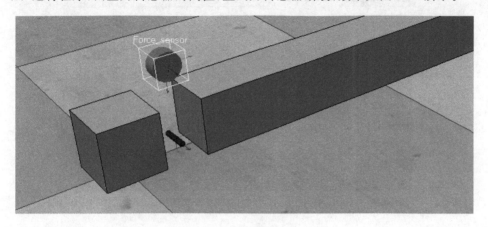

图 2-97　力传感器断裂

调试该程序时,要注意力矩传感器的坐标系方向,本示例中绕 Z 轴反方向的力矩数值为负数。

## 2.5.10　图表

1）图表的功能

图表(Graph)具有数据展示和记录的功能。停止仿真之后,图表记录的数据并不会清空,仍将保留,直到再次运行仿真。

图表提供了以下 3 种可视化方式。

（1）时序图（如图 2-98 所示）:数据随时间变化的曲线。

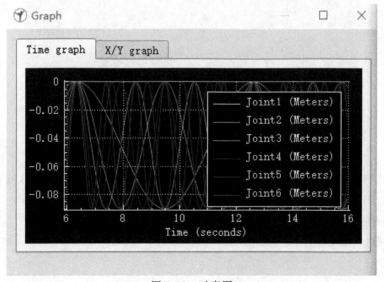

图 2-98　时序图

（2）X/Y 图（如图 2-99 所示）：组合两个数据的图。

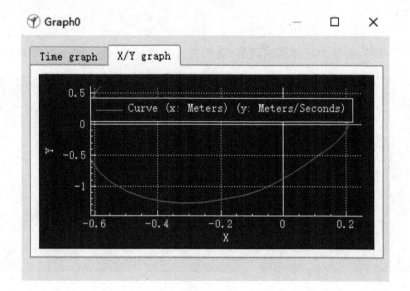

图 2-99　X/Y 图

（3）3D 曲线（如图 2-100 所示）：在时间上组合 3 个数据的 3D 曲线，定义好曲线后，仿真时在场景中可以直观地看到三维曲线。

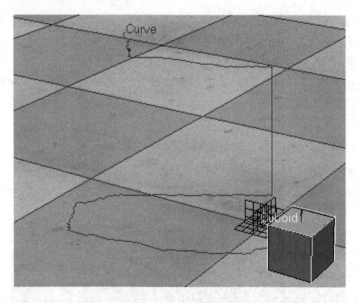

图 2-100　3D 曲线

图表记录的数据可以导出成后缀为 .csv 的文件供其他程序使用。具体操作是：先选择要导出数据的图表，再执行"File"→"Export"→"Selected Graphs as CSV…"。

2）图表的属性

图表的属性对话框如图 2-101 所示。

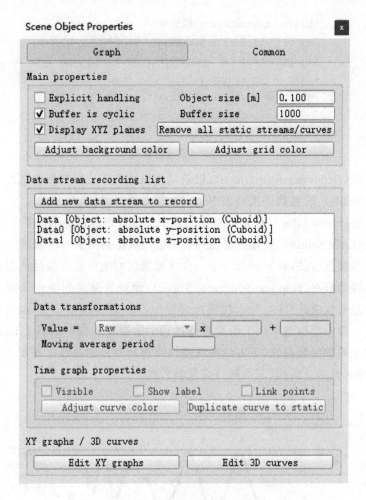

图 2-101 图表的属性对话框

- 显式处理（Explicit handling）：指示是否应显式调用处理图表。如果勾选该选项，则主脚本在调用 sim. handleGraph(sim. handle_all_except_explicit)时不会处理图形，在调用 sim. handleGraph(graph Handle)时才会处理图形。如果想在子脚本中处理图表，需要勾选此选项。
- 对象大小（Object Size[m]）：设置图形对象的大小，仅有显示意义。
- 缓冲区是循环的（Buffer is cyclic）：如果勾选，当缓冲区满之后，会覆盖第一个元素。否则，当缓冲器满了，则记录停止。
- 缓冲区大小（Buffer size）：缓冲区的数据个数。
- 显示 XYZ 平面（Display XYZ planes）：在场景中显示图表，图表由 XYZ 平面表示。在记录数据时，可以记录相对于图表的数据，选择数据流时，选择相对于图表的类型。可以将图表移动到期望的位置，以获得相对于图表的数据。
- 添加数据流（Add new data stream to record）：先选择要记录数据的数据类型，再选择对象。添加完成后，对象数据将在数据列表中显示出来。数据列表支持改名操作，不支持修改。图表数据流如图 2-102 所示。数据流的介绍参见下文。

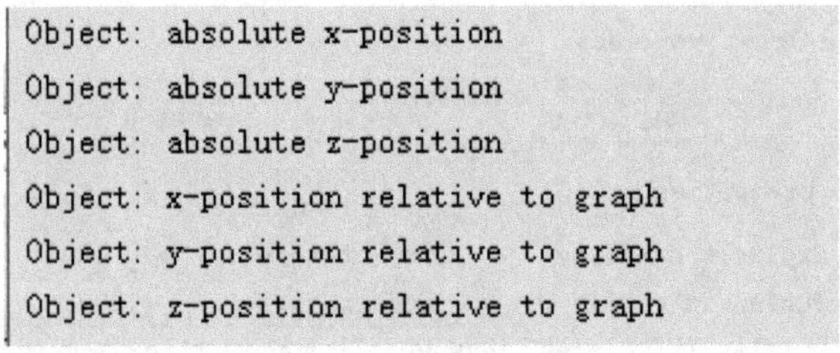

Object: absolute x-position
Object: absolute y-position
Object: absolute z-position
Object: x-position relative to graph
Object: y-position relative to graph
Object: z-position relative to graph

图 2-102　图表数据流

- 数据转换(Data transformations):设置数据流列表中选定数据的线性变换。
- 可见(Visible):设置数据流列表中选定数据是否可见。
- 显示标签(Show label):设置数据流列表中选定数据是否显示标签。
- 链接点(Link points):设置数据流列表中选定数据是否显示为直线。
- 调整曲线颜色(Adjust curve color):设置数据流列表中选定数据的颜色。
- 复制曲线为静态(Duplicate curve to static):设置数据流列表中选定的数据流为静态。静态数据流是“冻结”的,在模拟过程中不会更改,除非手动点击删除静态数据流按钮。静态数据流可用于仿真运行过程中数据的比较。如图 2-103 所示,方框内是设定了静态的数据流,下方的曲线是没有进行对比的曲线。在图表上点击静态数据流曲线,弹出对话框,可以删除或复制数据。

Graph
Time graph
X/Y graph
Data (Meters)
Data0 (Meters)
Data1 (Meters)
Data1 (STATIC)
Operation on Selected Curve
Copy curve to clipboard
Remove static curve
1
0
-1
-2
10
20
30
40
50
Time (seconds)

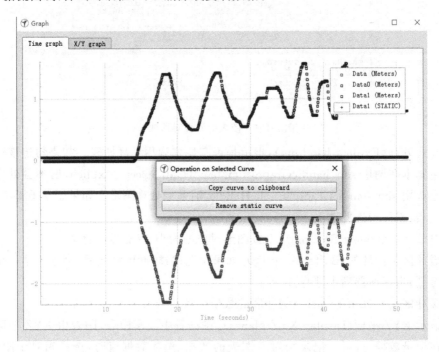

图 2-103　静态流数据对比

- 删除所有静态流/曲线(Remove all static streams/curves):清除缓存的静态数据流。

3) 图表的数据流

图表记录的数据称为数据流,这些数据流与对象类型、对象属性、具体对象有关。记录时,需要指定对象、对象类型、对象属性。若无法指定,则可以使用自定义数据流(类型选择 Various:user-defined)。由于篇幅限制,只列出常用的数据流类型。

- Object:absolute x-position,对象的 $x$ 坐标。
- Object:absolute y-position,对象的 $y$ 坐标。
- Object:absolute z-position,对象的 $z$ 坐标。
- Object:absolute velocity,对象的绝对速度。
- Object:angular velocity,对象的角速度。

接近觉传感器、视觉传感器、关节、碰撞对象集等,都有相应的数据流类型。

- Joint:position,关节的位置。
- Joint:velocity,关节的速度。
- Joint:force or torque,关节的力和力矩。

脚本相应的数据流类型有 Child scripts:execution time,脚本执行时间。

如果预定义的数据流类型不能满足要求,软件还提供了 Various:user-defined,用户自定义类型,需要与 sim. setGraphUserData()配合使用。

4)图表示例

**示例:**以 UR10 机器人为例,展示使用图表显示三维曲线的方法。

(1)在场景中添加 UR10 机器人,添加一个标记点到机器人末端,命名为"tip"。

(2)添加图表,在图表中添加数据流,选择数据流类型为 Object:absolute x-position,对象选择 tip,如图 2-104 所示。依次添加 Y 轴和 Z 轴的坐标值。

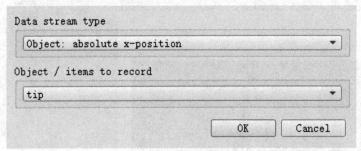

图 2-104　添加数据流

(3)如图 2-105 所示,单击"Edit 3D curves"编辑 3D 曲线,选择数据(仅可以选数据流列表中定义的数据)。

(4)开始仿真,可以在场景中看到机器人末端 tip 的运动轨迹和 tip 的 X/Y/Z 坐标值随时间变化的曲线,如图 2-106 所示。

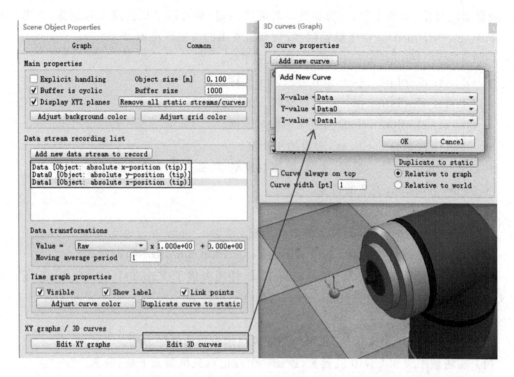

图 2-105　编辑 3D 曲线

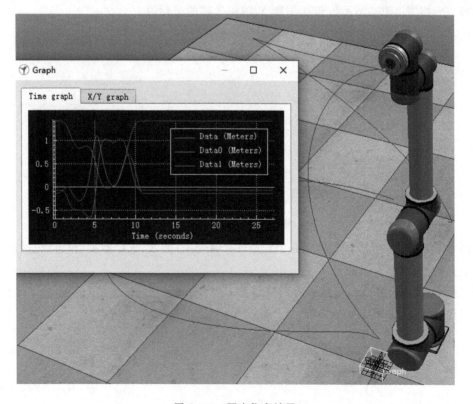

图 2-106　图表仿真效果

## 2.5.11　八叉树

八叉树（Octree）是一种用于描述三维空间的树状数据结构。想象一个立方体，我们最少可以将其切成多少个相同等分的小立方体？答案是 8 个。再想象我们有一个房间，房间里某个角落藏着一枚金币，我们想很快地把金币找出来，怎么找最高效？我们可以把房间当成一个立方体，先切成 8 个小立方体，然后排除掉没有放任何东西的小立方体，再把有可能藏金币的小立方体继续切 8 等份…如此下去，平均在 $\text{Log}_8$（房间内的所有物品数）的时间内就可找到金币。因此，利用八叉树可以很快地知道物体在 3D 场景中的位置，或侦测与其他物体是否有碰撞以及是否在可视范围内。图 2-107 为八叉树示意图。

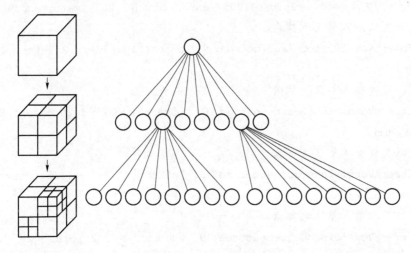

图 2-107　八叉树示意图

在场景中创建八叉树，通常用于简化表达复杂的形体或点云，并且八叉树是可碰撞的、可测量的和可检测的。

八叉树示例如图 2-108 所示。

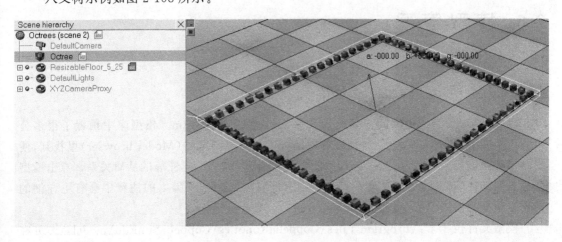

图 2-108　八叉树示例

在场景中添加一个八叉树，在该八叉树添加脚本。该脚本将在添加的八叉树中生成 4

列体素。

脚本内容如下：

```
function sysCall_init()
    -- 获取句柄
    octree = simGetObjectAssociatedWithScript(sim_handle_self)
    -- 初始点坐标 XYZ
local pStart = {-1, 1, 0.05}
for i = 0,20,1 do
    -- 随机颜色
    color = {255 * math.random(),255 * math.random(),255 * math.random()}
    -- 往八叉树插入第 1 列体素
    simInsertVoxelsIntoOctree(octree, 0, {pStart[1],pStart[2] - 2 * i/20,pStart
[3]}, color, nil)
    -- 往八叉树插入第 2 列体素
    simInsertVoxelsIntoOctree(octree, 0, {pStart[1] + 2 * i/20,pStart[2],pStart
[3]}, color, nil)
    -- 往八叉树插入第 3 列体素
    simInsertVoxelsIntoOctree(octree, 0, {pStart[1] + 2 * i/20,pStart[2] - 2,
pStart[3]}, color, nil)
    -- 往八叉树插入第 4 列体素
    simInsertVoxelsIntoOctree(octree, 0, {pStart[1] + 2,pStart[2] - 2 * i/20,
pStart[3]}, color, nil)
    end
end
```

# 2.6 模型管理

## 2.6.1 模型

模型（Model）是预定义的一组场景对象的集合，后缀为 .ttm。模型库中预置了很多公司的产品模型，如图 2-109 所示，预置的模型可以在模型浏览器（Model browser）里找到，使用时将其拖进场景中即可，拖进场景后能看到机器人各关节、连杆等的从属关系。点击模型图标右侧的脚本文件，可以查看模型的使用示例脚本，通常，在脚本的注释中会有更详细的关于本模型的使用说明。

模型文件位于 C:\Program Files\CoppeliaRobotics\CoppeliaSimEdu\models\。可在该目录下建立自定义的模型文件夹，并放入自己的模型文件。放入的自定义模型文件夹将出现在模型浏览器里。

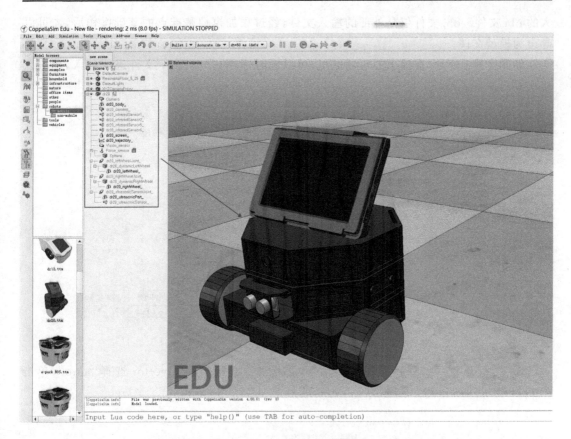

图 2-109　模型库的预置模型

## 2.6.2　建立模型

除使用预置的模型库里的模型外,用户可以新建自定义的模型。

CoppeliaSim 没有提供直接的新建模型菜单,但是可以通过导入其他软件生成的 3D 文件来建立,文件格式包括.obj、.dxf、.ply、.stl、.dae 格式。CoppeliaSim 对 SolidWorks 的支持要好一些。

以 SolidWorks 为例,为了导入模型,首先在 SolidWorks 中新建一个 3D 模型,并导出为 obj 文件。如图 2-110 所示,模型导入的操作是执行"File"→"Import"→"Mesh",选择要导

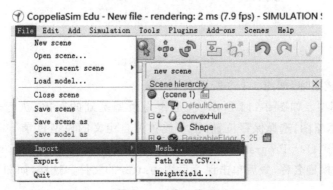

图 2-110　导入模型

入的 obj 文件。obj 文件仅是外部的输入文件，经过添加模型基准点的基础操作后，才可以导出为模型文件。

如图 2-111 所示，在弹出的对话框里，可以同时选择一个或多个文件进行导入，也可以多次导入文件。

图 2-111　导入对话框

单击"打开"之后，将弹出一个对话框，如图 2-112 所示，Up-vector 选择"auto"，单击"Import"。

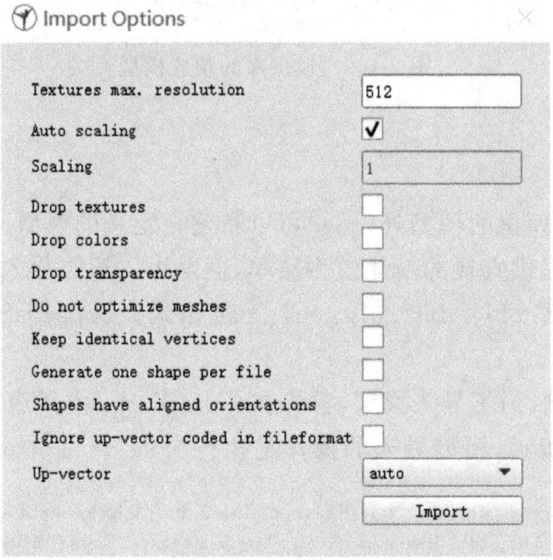

图 2-112　导入选项

模型导入完成之后，如图 2-113 所示。

最后，保存模型。如图 2-114 所示，选定作为模型基础的对象，执行→"File"→"Save model as"，选择缩略图，选择保存位置（推荐放置到自定义的模型目录下以便于管理，本例中将模型放置于 C：\ Program  Files \ CoppeliaRobotics \ CoppeliaSimEdu \ models \ mymodels），设置模型名称，最后单击保存后缀为.ttm 的文件。这样，如图 2-115 所示，以后就能直接从左侧模型库里拖动添加了。

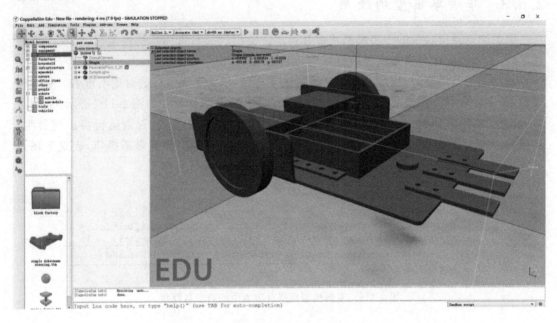

图 2-113 导入模型

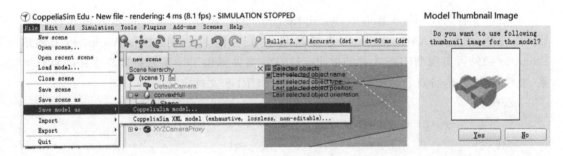

图 2-114 保存模型

图 2-115 模型库里自定义的模型

### 2.6.3 带脚本模型的使用

模型浏览器里自带的很多模型均带有脚本。使用这类自带脚本的模型时,将模型拖至场景后,通常需要调整脚本文件内容以达到期望的效果。

在复制这些模型时,模型内部的对象将被重命名,以保证场景内的对象不重名。复制模型时,脚本内容也一起被复制,但是脚本内容有时不会自动修改。如图 2-116 所示,复制之后,务必要检查并修改 sim.getObjectHandle() 函数的对象名参数,否则运行将出现异常。如果该异常为报错,则修改提示行涉及的脚本存在的错误;有时该异常不报错,表现为场景对象出现未知方向的运动,这时也需要修改脚本错误。

```
D: > luaPycharm >  embScript_39303087.lua
1    function sysCall_init()
2        rolling=sim.getObjectAssociatedWithScript(sim.handle_self)
3        slipping=sim.getObjectHandle('OmniWheel45A_freeJoint#0')
4        wheel=sim.getObjectHandle('OmniWheel45A_respondableWheel#0')
5    end
```

图 2-116  复制模型后修改脚本中的对象名参数

### 2.6.4 导入 URDF 模型

URDF 全称为 Unified Robot Description Format,翻译为"统一机器人描述格式"。URDF 是一种基于 XML 规范、用于描述机器人结构的格式。SolidWorks to URDF Exporter 插件可实现 URDF 文件的导出。URDF 文件提供了一系列关节与连杆的相对关系、惯性属性、几何特点和碰撞模型等信息。某个 URDF 文件定义如下。

```
< robot
  name = "SarrusLink.SLDPRT">
  < link
  name = "SarrusLink">
  < inertial >
   < origin
    xyz = " - 7.5253E - 05 6.87439999999998E - 20  - 3.9011E-18"
    rpy = "0 0 0" />
   < mass
    value = "1.9715" />
   < inertia
    ixx = "0.00294419345246927"
    ixy = " - 6.68772298538631E-19"
    ixz = " - 5.52225503571719E-19"
    iyy = "0.0245212201140141"
    iyz = " - 3.65385697808336E-19"
```

```
      izz = "0.0217833254619279" />
  </inertial>
  <visual>
   <origin
    xyz = "0 0 0"
    rpy = "1.5707963267949 0 0" />
   <geometry>
    <mesh
    filename = "package://SarrusLink/meshes/SarrusLink.STL" />
   </geometry>
   <material
    name = "">
    <color
     rgba = "0.52941 0.54902 0.54902 1" />
    <texture
     filename = "package://SarrusLink/textures/timg.jpg" />
   </material>
  </visual>
  <collision>
   <origin
    xyz = "0 0 0"
    rpy = "1.5707963267949 0 0" />
   <geometry>
    <mesh
     filename = "package://SarrusLink/meshes/SarrusLink.STL" />
    </geometry>
   </collision>
  </link>
 </robot>
```

其中：<inertial>定义惯性参数；<visual>定义外观、大小、颜色和材质纹理贴图；<collision>定义碰撞检测属性。

因此，导入 URDF 模型可以直接生成 CoppeliaSim 中关节与连杆的几何关系，非常方便，仅根据需要进行调整即可。图 2-117 所示为在 CoppeliaSim 中导入 URDF 模型文件。

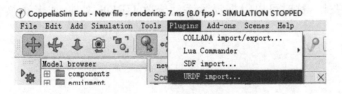

图 2-117　导入 URDF 模型文件

打开导入窗体,如图 2-118 所示。

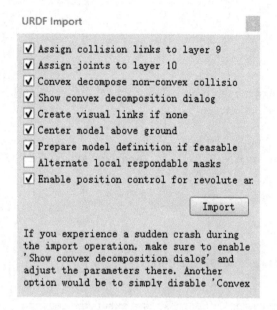

图 2-118　导入选项

单击"Import",选择要导入的文件,如图 2-119 所示。

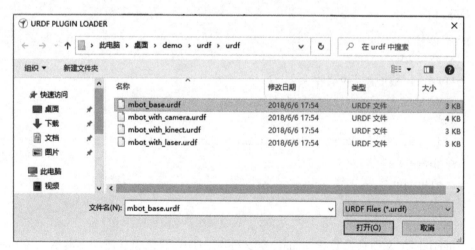

图 2-119　选择要导入的文件

导入过程中,会有信息提示窗口,便于及时发现导入过程中的问题;导入后,场景中会自动建立层次关系,效果如图 2-120 所示。

有时导入会失败,这时可以根据提示手动修改 URDF 文件,或者更换机器人三维模型的其他格式导入。

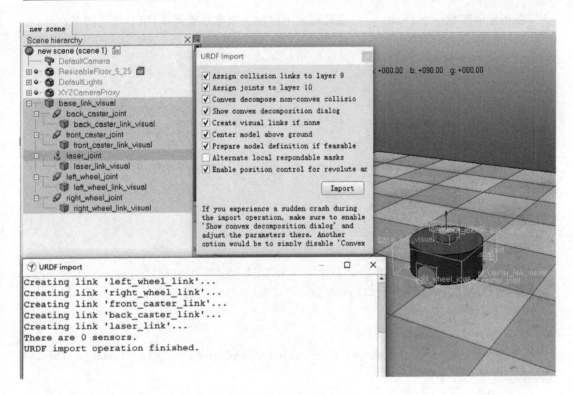

图 2-120  导入效果

## 2.7  创建 GUI

早期的 VREP 支持两种 GUI 的创建方法：OpenGI 和 Qt。但是由于 OpenGI 的灵活性不够，在 VREP3.4 中已经不用了。使用新版的 CoppeliaSim 打开旧版 VREP 编写的项目文件，有时无法找到界面相关代码。CoppeliaSim 使用基于 Qt 的方法，而这个方法又是基于 XML 的。关于 XML 的更多内容，请读者在用到时查阅相关技术资料。

先通过一个简单的示例初步了解 GUI 的实现。本例实现了按钮按下的事件响应，按下上面按钮，上面按钮的数字逐次增加，下面按钮的按下状态逐次变化。显示效果如图 2-121 所示。

图 2-121  自定义 GUI 窗体

在场景中新建一个 Dummy,并在此对象上添加一个非线程脚本,核心代码如下:

```
function myCommand()
    -- 逐次增加
    c = c + 1
-- 更改上面按钮的文本内容
    simUI.setButtonText(ui,1,''..c)
-- 更改上面按钮的文本显示效果
    simUI.setStyleSheet(ui,1,string.format('background: #ff%02x00;',(c *
16)%255))
    -- 更改下面按钮的按下状态
    simUI.setButtonPressed(ui,2,c%2>0)
end
-- 初始化的时候,创建窗体。此部分相当于 V4.1 的 sysCall_init()
if (sim_call_type == sim.syscb_init) then
    c = 0
    ui = simUI.create([[<ui>
    <button id = "1" text = "0" on-click = "myCommand" style = "background: #
ff0000;" />
    <button id = "2" text = "this" checkable = "true" />
    </ui>]])
End
-- 退出时,销毁窗体。此部分相当于 V4.1 的 sysCall_cleanup()
if (sim_call_type == sim.syscb_cleanup) then
    simUI.destroy(ui)
end
```

创建自定义 GUI 的要点如下:

① GUI 相关的函数以 simUI 开头;

② 使用 simUI.create()根据 XML 定义的元素创建界面;

③ GUI 元素的 id 用于识别,在函数中用于指定相应的元素;

④ XML 里,元素的 on-click＝"myCommand",该属性用于指定事件触发的函数;

⑤ 定义有关函数,本例中是 function myCommand();

⑥ 退出时销毁界面,避免内存溢出等错误。

## 2.7.1 窗体的控制<ui>

窗体的控制<ui>的 XML 语句为:

```
<ui title = "myUI" resizable = "true">
```

窗体的控制<ui>属性如下。

- title:string 类型,窗体标题。
- resizable:bool 类型,设置是否自动缩放。

- layout：可选属性有 vbox、hbox、form、grid、none。
- closeable：bool 类型，设置是否可以关闭。若允许关闭，则需要通过 on-close 指定关闭事件回调函数。

窗体的控制< ui >示例脚本如下。图 2-122 所示为脚本运行结果。

```
function sysCall_init()
    -- do some initialization here
    ui = simUI.create([[< ui title = "myUI" layout = "vbox" closeable = "true"
on-close = "closeEventHandler" resizable = "true">
    < label text = "This is myUI for testing" id = "4001" wordwrap = "true" />
    < label text = "myUI" id = "4002" wordwrap = "true" />
    < label text = "myUI" id = "4003" wordwrap = "true" />
    < label text = "myUI" id = "4004" wordwrap = "true" />
    </ui >]])
end

function closeEventHandler(h)
    sim. addStatusbarMessage('Window '..h..' is closing...')
    simUI. hide(h)
end
```

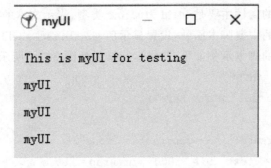

图 2-122　自定义 GUI 窗体及属性

## 2.7.2　按钮< button >

按钮< button >的 XML 语句如下：

```
< button id = " 1" text = " 0" on-click = " myCommand" style = " background：#
ff0000;" />
< button id = "2" text = "this" checkable = "true" />
```

按钮< button >的属性如下。

- id：string 类型，按钮的 ID 号。
- text：string 类型，显示的按钮文本。
- on-click：string 类型，按钮的事件响应函数。

• enabled:bool 类型,是否使能该按钮。

按钮< button >的脚本的作用是定义 XML 中指定的函数对按钮按下事件进行响应,例如上例中的"myCommand"。

```
function myCommand()
    -- -- -
End
```

按钮< button >的脚本示例参考 2.7.1 小节的示例脚本即可,脚本运行结果如图 2-123 所示。

图 2-123　按钮的效果

### 2.7.3　文本显示< label >

文本显示< label >的 XML 语句如下:

```
< label text = "text" id = "3000" wordwrap = "true" />
```

文本显示< label >的属性主要是 id,id 为 string 类型,表示文本的 ID 号。

文本显示< label >的主要脚本函数:设置显示值 simUI. setLabelText()。

文本显示< label >的脚本示例如下,脚本运行结果如图 2-124 所示。

```
function sysCall_init()
    -- do some initialization here
    c = 0
    ui = simUI. create([[< ui resizable = "true">
    < label text = "text" id = "3000" wordwrap = "true" />
    </ui >]])
    newVal = 33.33
    simUI. setLabelText(ui,3000,'Value set to '..newVal)
end
```

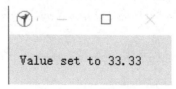

图 2-124　设置文本显示

## 2.7.4　文本输入框< edit >

文本输入框< edit >的 XML 语句如下：

```
< edit id = "4002" value = "Hello, world!" />
```

文本输入框< edit >的属性主要是 id，id 为 string 类型，表示文本输入框的 ID 号。

文本输入框< edit >的主要脚本函数：获取数值 simUI. getEditValue()。

文本输入框< edit >的脚本示例如下，脚本运行结果如图 2-125 所示。

```
function sysCall_init()
    -- do some initialization here
    c = 0
    ui = simUI.create([[< ui resizable = "true">
    < label text = "Please input robot name" id = "4001" wordwrap = "true" />
    < edit id = "4002" value = "Ewa!" />
    < button id = "4010" text = "0" on-click = "cfmCmd" style = "background：#
ff0000;" />
    </ui >]])

end
function cfmCmd()
    -- put your actuation code here
    strName = simUI.getEditValue(ui,4002)
    simAddStatusbarMessage("Robot name is "..strName)
end
```

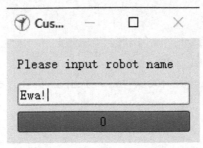

图 2-125　获取用户输入

## 2.7.5　复选按钮< checkbox >

复选按钮< checkbox >的 XML 语句如下：

```
< checkbox text = "X" on-change = "checkboxChange" id = "2001" />
```

复选按钮< checkbox >的属性主要是 id：id 为 string 类型，表示复选按钮的 ID 号。

复选按钮< checkbox >的主要脚本函数：获取数值 simUI. getCheckboxValue()。

复选按钮< checkbox >的脚本示例如下,脚本运行结果如图 2-126 所示。

```
function sysCall_init()
    -- do some initialization here
    ui = simUI.create([[< ui title = "myUI" layout = "vbox" closeable = "true"
on-close = "closeEventHandler" resizable = "true">
    < label text = "checkbox and radiobutton" id = "4001" wordwrap = "true" />
    < group >
        < radiobutton text = "A1" on-click = "radiobuttonClick1" id = "1001" />
        < radiobutton text = "B1" on-click = "radiobuttonClick1" id = "1002" />
        < radiobutton text = "C1" on-click = "radiobuttonClick1" id = "1003" />
    </group >
    < group >
        < radiobutton text = "A2" on-click = "radiobuttonClick2" id = "1011" />
        < radiobutton text = "B2" on-click = "radiobuttonClick2" id = "1012" />
        < radiobutton text = "C2" on-click = "radiobuttonClick2" id = "1013" />
    </group >
    < radiobutton text = "A3" on-click = "radiobuttonClick3" id = "1021" />
    < radiobutton text = "B3" on-click = "radiobuttonClick3" id = "1022" />
    < radiobutton text = "C3" on-click = "radiobuttonClick3" id = "1023" />

    < checkbox text = "X" on-change = "checkboxChange" id = "2001" />
    < checkbox text = "Y" on-change = "checkboxChange" id = "2002" />
    < checkbox text = "Z" on-change = "checkboxChange" id = "2003" />
    </ui >]])
end
function radiobuttonClick1(ui,id)
    local sel = {'A1','B1','C1'}
    simUI.setLabelText(ui,4001,'You selected'..sel[id-1000])
end
function radiobuttonClick2(ui,id)
    local sel = {'A2','B2','C2'}
    simUI.setLabelText(ui,4001,'You selected'..sel[id-1010])
end
function radiobuttonClick3(ui,id)
    local sel = {'A3','B3','C3'}
    simUI.setLabelText(ui,4001,'You selected'..sel[id-1020])
end
function checkboxChange(ui,id,newVal)
```

```
    local txt = 'Selection: '
    local sel = {'X','Y','Z'}
    if newVal > 0 then
        txt = txt..sel[id-2000].." checked"
    else
        txt = txt..sel[id-2000].." Notchecked"
    end
    simUI.setLabelText(ui,4001,txt)
    -- 另外一种获取 checkbox 值的方法,多用于在其他函数内调用
    chkResult1 = simUI.getCheckboxValue(ui,2001)
    chkResult2 = simUI.getCheckboxValue(ui,2002)
    chkResult3 = simUI.getCheckboxValue(ui,2003)
    print("CheckBoxValue:"..chkResult1.." "..chkResult2.." "..chkResult3)
end
```

图 2-126　复选按钮

## 2.7.6　单选按钮< radiobutton >

单选按钮< radiobutton >的 XML 语句如下:

```
< radiobutton text = "A1" on-click = "radiobuttonClick1" id = "1001" />
```

单选按钮< radiobutton >的属性如下。

- id:string 类型,表示按钮的 ID 号。
- on-click:string 类型,按钮的事件响应函数;

单选按钮< radiobutton >的使用方法:需要使用 2.7.7 小节的< group >对单选按钮进行成组的限定,否则无法得到单选的效果。

单选按钮< radiobutton >的脚本示例可参考 2.7.5 小节 checkbox 的脚本示例。

## 2.7.7 成组< group >

成组< group >的 XML 语句如下：

```
< group >
    < radiobutton text = "A1" on-click = "radiobuttonClick1" id = "1001" />
    < radiobutton text = "B1" on-click = "radiobuttonClick1" id = "1002" />
    < radiobutton text = "C1" on-click = "radiobuttonClick1" id = "1003" />
</group >
```

成组< group >的脚本示例可参考 2.7.5 小节 checkbox 的脚本示例，脚本运行结果如图 2-127 所示。

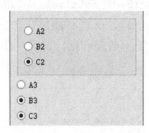

图 2-127　使用< group >和未使用< group >的显示效果

## 2.7.8 水平滑动调节块< hslider >

水平滑动调节块< hslider >的 XML 语句如下：

```
< hslider id = "5001" minimum = " - 10" maximum = "10" on-change = "sliderChange" />
```

水平滑动调节块< hslider >的属性如下。

- id：string 类型，表示按钮的 ID 号。
- on-change：string 类型，水平滑动调节块的事件响应函数。

水平滑动调节块< hslider >的脚本示例如下，脚本运行结果如图 2-128 所示。

```
function sysCall_init()
    -- do some initialization here
    ui = simUI.create([[< ui title = "myUI" layout = "vbox" closeable = "true"
on-close = "closeEventHandler" resizable = "true">
    < label text = "This is myUI for testing" id = "4001" wordwrap = "true" />
     < hslider id = " 5001" minimum = " - 10" maximum = " 10" on-change = "
sliderChange" />
    </ui >]])
    simUI.setSliderValue(ui,5001, - 5)
end
function sliderChange (ui,id,newVal)
```

```
        simUI.setLabelText(ui,4001,'Value set to '..newVal)
end
```

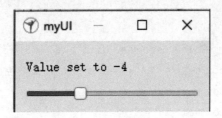

图 2-128　水平滑动调节块的显示效果

## 2.7.9　窗体控件的布局

窗体控件的布局脚本示例如下。

```
function sysCall_init()
    xml = [[
< ui closeable = "true" on-close = "closeEventHandler" resizable = "true">
    < label text = "Layouts demo" wordwrap = "true" />
    < tabs >
        < tab title = "VBox" layout = "vbox"> -- 竖直排列
            < checkbox text = "A" />
            < checkbox text = "B" />
            < checkbox text = "C" />
        < stretch />
        </tab >
            < tab title = "HBox" layout = "hbox"> -- 水平排列
            < checkbox text = "A" />
            < checkbox text = "B" />
            < checkbox text = "C" />
            < stretch />
        </tab >
        < tab title = "Form" layout = "form"> -- 表单嵌套排列
            < label text = "Slider" />
            < hslider />
            < label text = "Edit" />
            < edit />
            < label text = "Spinbox" />
            < spinbox minimum = "0" maximum = "10" suffix = " m" />
            < label text = "On/off flat group" />
            < group layout = "hbox" flat = "true"> -- 水平排列
```

```
            < radiobutton text = "On" checked = "true" />
            < radiobutton text = "Off" />
        </group >
    </tab >
    < tab title = "Grid" layout = "grid"> -- 3 * 3 网络排列
        < checkbox text = "AA" /> -- 第一行的三个控件
        < checkbox text = "AB" />
        < checkbox text = "AC" />
        < br /> -- 换行
        < checkbox text = "BA" /> -- 第二行的三个控件
        < checkbox text = "BB" />
        < checkbox text = "BC" />
        < br /> -- 换行
        < checkbox text = "CA" /> -- 第三行的三个控件
        < checkbox text = "CB" />
        < checkbox text = "CC" />
    </tab >
  </tabs >
</ui >
]]
ui = simUI.create(xml)
end
```

脚本说明：

① 使用[[ ]]定义字符串；

② < tabs × tab >定义选项卡，用于分页展示；

③ 属性 layout 用于定义控件布置方式。

窗体控件的布局脚本运行效果如图 2-129～图 2-132 所示。

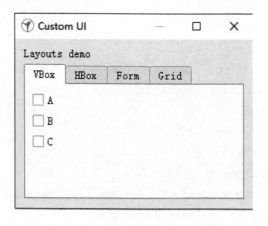

图 2-129　layout＝"vbox"显示效果

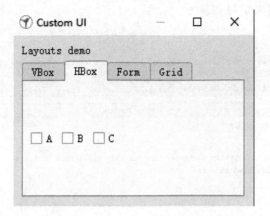

图 2-130　layout="hbox"显示效果

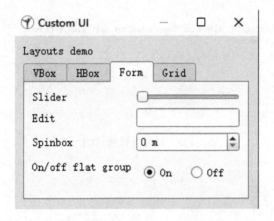

图 2-131　layout="form"显示效果

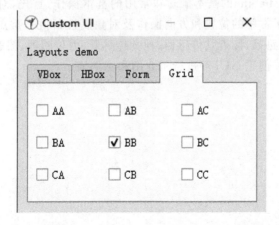

图 2-132　layout="grid"显示效果

## 2.7.10　GUI 示例

CoppeliaSim 自带的示例文件/scenes/customUI. ttt 较全面地展示了 GUI 的应用（如

图 2-133 所示),可以用来学习和参考。

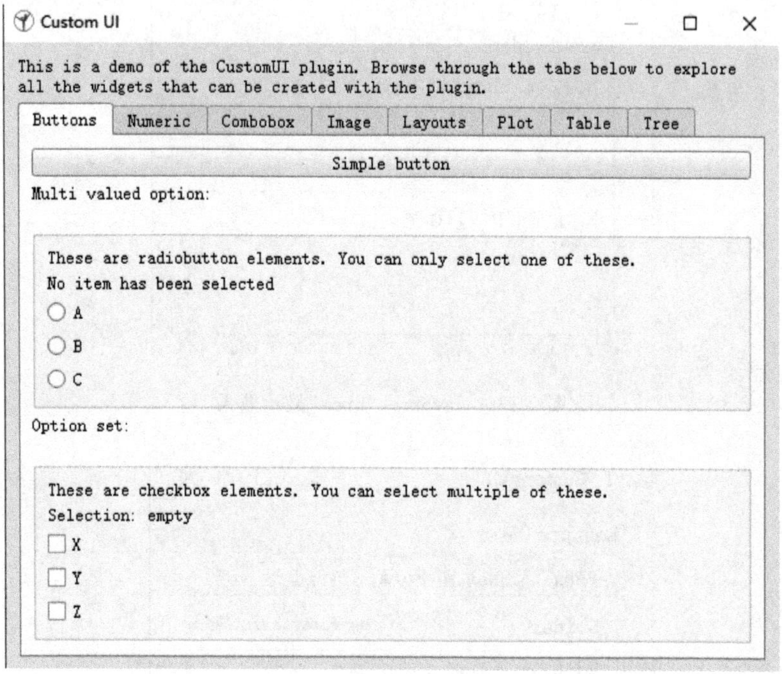

图 2-133　软件自带的 GUI 示例

# 2.8　本章小结

　　本章内容为 CoppeliaSim 的基本概念和常用的基本操作,首先,对场景、页面和视图进行了介绍;其次,介绍了常用的位置和方向操作及对象属性;再次,重点对常用的场景对象,如形状、关节、标记点、路径、接近觉传感器、视觉传感器、力传感器、图表、八叉树等进行了介绍;最后,对模型管理和创建 GUI 等进行了介绍和示例演示。

# 第3章　UR5机器人仿真环境搭建

CoppeliaSim 软件具有强大的机器人仿真功能,但造型功能薄弱,难以用来创建具有复杂特征的零部件。我们可以先利用 UG、Solidworks 等软件进行机器人三维建模及装配,再将 UG、Solidworks 等软件中生成的几何数据导入到 CoppeliaSim 软件中进行仿真。CoppeliaSim 支持 OBJ、PLY、DAE、DXF、STL 等多种格式的导入,本章基于 STL 格式进行讲解。

## 3.1　导入前的准备工作

1. 在 Solidworks 软件中打开 UR5 机器人三维模型,如图 3-1 所示。

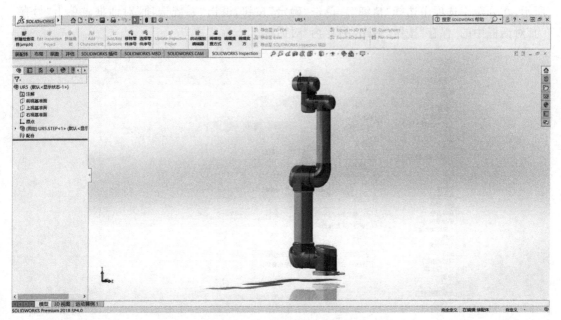

图 3-1　UR5 机器人三维模型

2. 在菜单栏中依次选择"文件"→"另存为",在弹出的"另存为"对话框中,选择文件的保存位置,文件名为 UR5,保存类型为 STL(＊.stl),如图 3-2 所示。

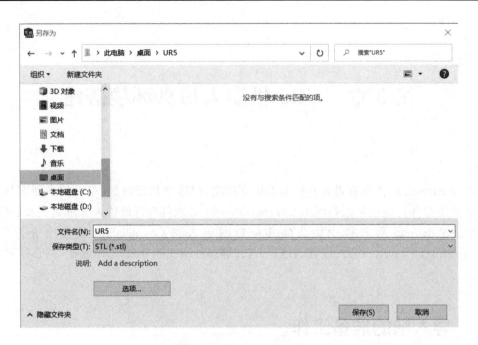

图 3-2　"另存为"对话框

3. 用鼠标左键单击"另存为"对话框中的"选项"按钮,弹出"系统选项"对话框,如图 3-3 所示,在分辨率选项中选择"精细"。单击"确定"按钮,退出"系统选项"对话框。单击"另存为"对话框中的"保存"按钮,退出"另存为"对话框。

图 3-3　"系统选项"对话框

4. 在弹出的"提示"对话框中单击"是(Y)"按钮,保存成功。打开刚才保存 STL 格式零部件的文件夹,如图 3-4 所示,可以看到,里面包含 7 个扩展名为 STL 的文件,每个文件对应一个零部件。

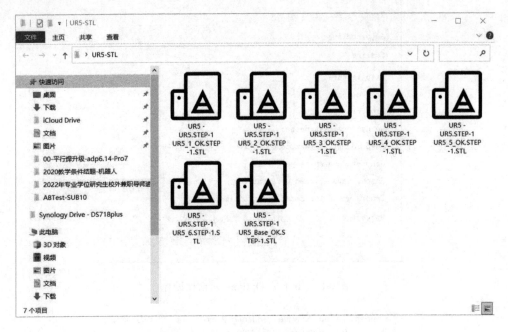

图 3-4　UR5 机器人 STL 格式

## 3.2　UR5 机器人的模型导入

1. 打开 CoppeliaSim 软件,在菜单栏中依次选择"File"→"Import"→"Mesh…",在弹出的"Importing mesh…"对话框中,找到上一步保存 STL 格式零部件的文件夹,按住快捷键"Ctrl+A"选择该文件夹中所有的 STL 文件,然后单击"打开"按钮。此时会弹出一个"Import Options"对话框,如图 3-5 所示,由于 Solidworks 建模软件的坐标系和 CoppeliaSim 的不一样,对话框中最后一项选择 Y 轴朝上,其他选项默认不变,单击"Import"按钮完成导入,导入后的场景层次结构如图 3-6 所示。

在菜单栏中依次选择"File"→"Save scene",在弹出的"Save scene…"对话框中,选择合适的保存目录,在对话框下方的文件名处输入 UR5_02,保存类型默认不变,即可把新建的文件保存为 UR5_02.ttt。

2. 单击工具栏上的全景显示图标按钮 ,会发现显示窗口中导入的 UR5 机器人体积比较大,如图 3-7 所示,需要进行等比例缩小。另外,导入过程会随机改变零部件的外观颜色,所以导入后 UR5 机器人的外观颜色和在 Solidworks 中显示的颜色并不一致。

3. 如图 3-8 所示,在模型浏览器中的文件夹结构中选择"tools",在模型浏览器中的下部显示各种工具,通过向下拖动滚动条,找到"Isometric scaling tool"工具,将其拖放到显示窗口中,选择场景层次结构中的 Shape5 零部件,显示窗口将弹出"Isometric scaling tool"对话框。

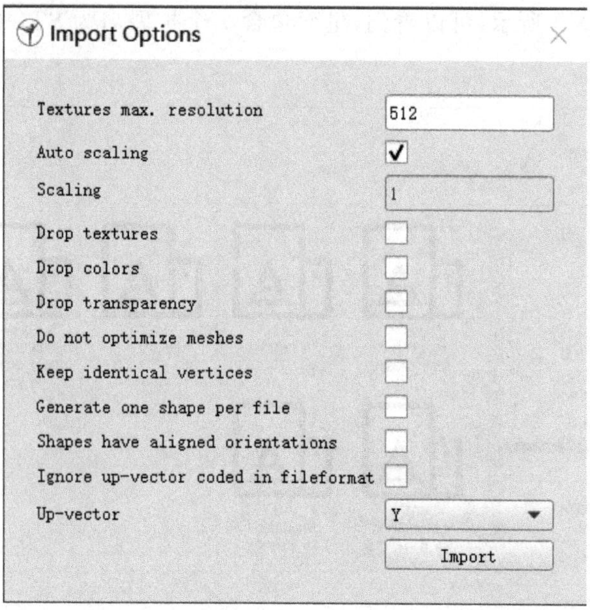

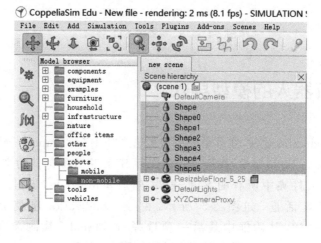

图 3-5 "Import Options"对话框设置

图 3-6 导入后的场景层次结构

4. 在"Isometric scaling tool"对话框中的下方有两个选项,其中"Also scale object's Z coordinate"选项已默认选中,我们把"Also scale object's X/Y coordinates"选项也勾选上。然后把滑动条拉到最左边,直到编辑框中显示为 0.1,这样就把 Shape5 零部件等比例缩小了 10 倍,最后关闭"Isometric scaling tool"对话框。

5. 同理,重复步骤 3 和 4,顺序完成 Shape、Shape0、Shape1、Shape2、Shape3、Shape4 共 6 个零部件的等比例缩放。然后按住"Shift"键,在场景层次结构中依次选中导入的 7 个零部件,接着单击工具栏上的全景显示图标按钮 🔧 ,显示结果如图 3-9 所示。

6. 双击场景层次结构中的 Shape5,将其重命名为"Link0_mesh"后按回车键确认;同理,依次将 Shape、Shape0、Shape1、Shape2、Shape3、Shape4 重命名为"Link1_mesh""Link2_mesh""Link3_mesh""Link4_mesh""Link5_mesh""Link6_mesh"。

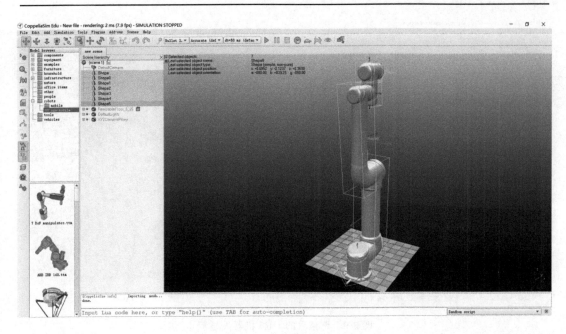

图 3-7　UR5 机器人显示

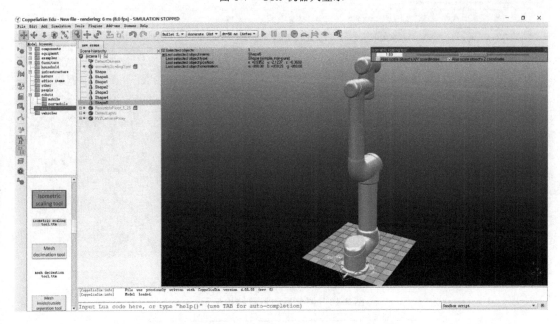

图 3-8　调用"Isometric scaling tool"工具

7. 按住鼠标左键,分别将场景层次结构中的 Link1_mesh 拖至 Link0_mesh 上、Link2_mesh 拖至 Link1_mesh 上、Link3_mesh 拖至 Link2_mesh 上、Link4_mesh 拖至 Link3_mesh 上、Link5_mesh 拖至 Link4_mesh 上、Link6_mesh 拖至 Link5_mesh 上,调整完毕后的树状结构如图 3-10 所示。

8. 选中场景层次结构中的"Link0_mesh",单击工具栏上的模型平移图标按钮，弹出"Object/Item Translation/Position"对话框,如图 3-11 所示,将 UR5 机器人底座"Link0_mesh"平移到地板中心位置,并使其底面和地板相接触,最后关闭对话框。

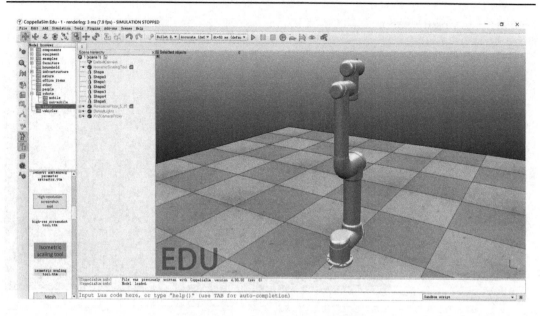

图 3-9　调整后的 UR5 机器人显示

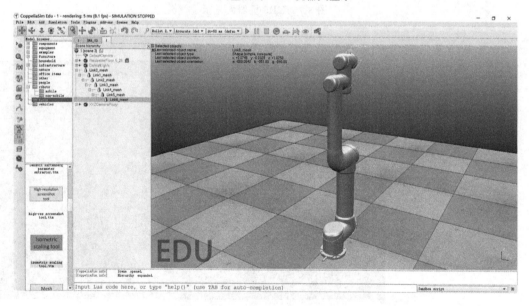

图 3-10　调整后的树状结构显示

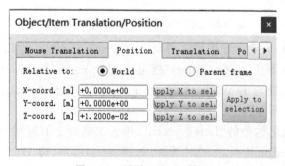

图 3-11　平移 UR5 机器人

## 3.3　UR5 机器人的关节建立

UR5 机器人为 6 轴串联机器人,每个旋转轴上需要创建 1 个 joint 对象。我们可以通过单击"add"→"joint"→"revolute joint"创建关节对象,通过几何对称方法找到各个关节的旋转轴所在的参考坐标系,然后利用 CoppeliaSim 软件的模型平移和模型旋转功能将 joint 对象相对旋转轴的参考坐标系调整到目标位置。

在添加关节的过程中,为了避免影响场景中的对象,我们可以把将要调整的对象复制到一个新的备用场景中,所有的操作都在新的备用场景中进行,待操作完成后,再把创建好的关节复制回原来的场景中。

1. 在原来打开的 UR5_02 场景的基础上,新建一个场景,保存为 UR5_02_backup.ttt。

2. 在 UR5_02 场景中,单击选中 Link1_mesh,鼠标停留在场景层次结构中的 Link1_mesh 上,右击,在弹出的快捷菜单上,依次选择"Edit"→"Copy selected objects",如图 3-12 所示。在 UR5_02_backup 场景中,右击场景层次结构或显示窗口的空白处,在弹出的快捷菜单上,依次选择"Edit"→"Paste buffer",将 Link1_mesh 复制到 UR5_02_backup 场景中,如图 3-13 所示。

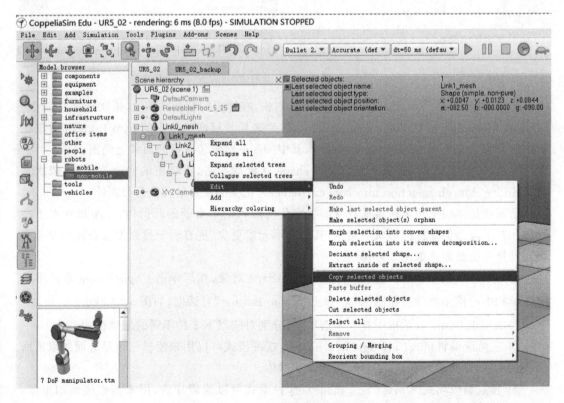

图 3-12　复制对象

3. 在 UR5_02_backup 场景中,可以观察到 Link1_mesh 并不是轴对称结构,我们无法直接在对象上添加关节,需要采用如下方法进行处理。

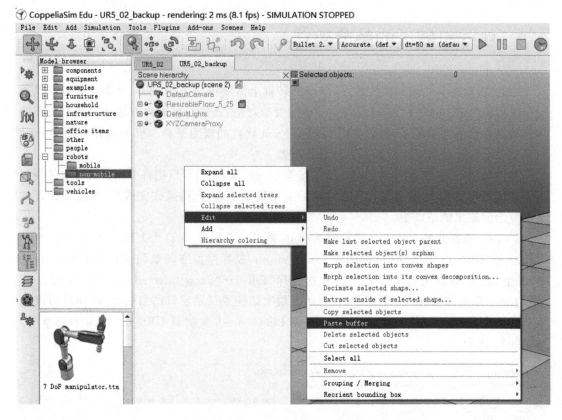

图 3-13　粘贴对象

首先,如图 3-14 所示,选中 Link1_mesh 后右击,在弹出的快捷菜单上,依次选择"Edit"→"Group/Merging"→"Divide selected shapes",原来场景层次结构中的 Link1_mesh 对象在拆解后分为 Link1_mesh 和 shape 两部分,其中 shape 对象包含下底面和上侧面。

然后,如图 3-15 所示,选中新生成的 shape 对象后右击,在弹出的快捷菜单上,依次选择"Edit"→"Morph selection into convex shapes",把 shape 对象转换为凸面体。

凸面体是使用三角体拼接逼近原非标准几何形状的一个新的几何体,在编辑状态下凸面体相对于复杂的非标准形状的对象,其三角形元素更少,更有利于找到关节安装的参考平面。转换后的凸面体如图 3-16 所示。

4. 在 UR5_02_backup 场景中,单击选中 shape 对象,然后单击 CoppeliaSim 软件中竖直工具栏中的模型处理按钮图标 ,弹出"Shape Edition"对话框,如图 3-17 所示。

"Shape Edition"对话框中有 3 个选项卡,分别对应以下 3 种不同的编辑模式。

1) 三角形编辑模式(Triangle edit mode):这种模式可以用来编辑三角形进而提取出所需要的形状,常见的形状有长方体、圆柱体和球体。

2) 顶点编辑模式(Vertex edit mode):这种模式可以编辑顶点,用来调整模型的形状,还可以通过顶点生成 dummy 便于后续使用。

3) 边编辑模式(Edge edit mode):这种模式用来编辑边,进而提取出边缘的形状。

这里采用三角形编辑模式。

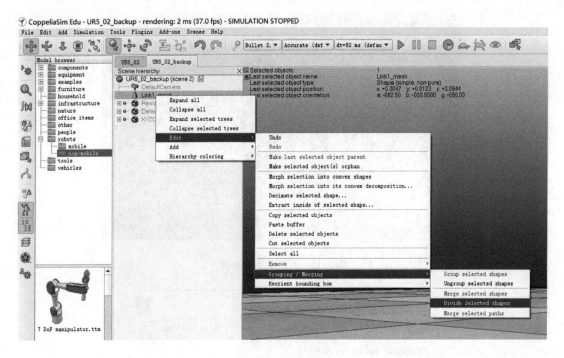

图 3-14　拆解对象

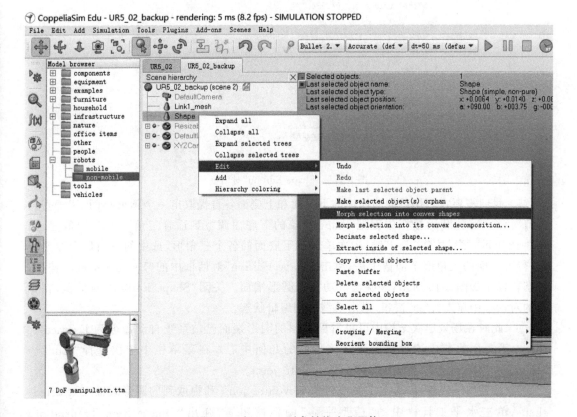

图 3-15　把 shape 对象转换为凸面体

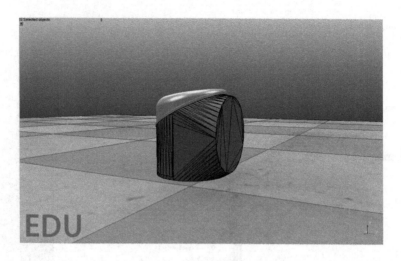

图 3-16　转换后的凸面体

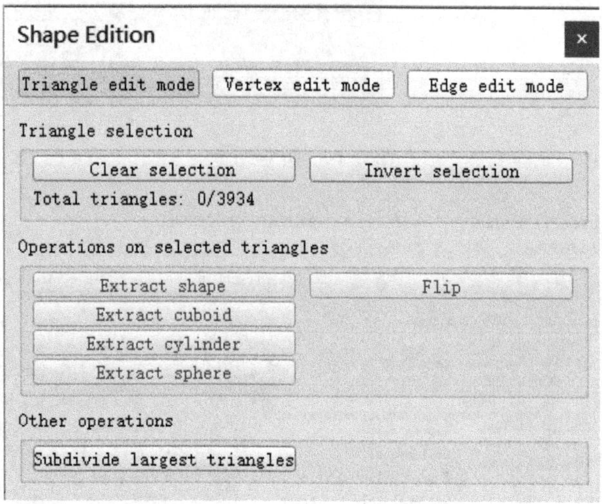

图 3-17　"Shape Edition"对话框

5. 我们需要在转换后的凸面体的下底面和上侧面各自提取出一个圆形端面，用于安装关节对象。首先利用鼠标中键把 shape 对象的下底面调整到适合三角形选取的角度，如图 3-18 所示，然后按住"Ctrl"键，依次单击该下底面的各个三角形，选中的三角形会改变颜色，待下底面的三角形全部选中后，单击"Shape Edition"对话框中的"Extract shape"按钮，状态栏提示如图 3-19 所示，表明已成功提取圆形端面。关闭"Shape Edition"对话框，在弹出的对话框中单击"Yes"按钮，退出模型处理编辑状态。

6. 此时在场景层次结构中可以看到提取的圆形端面已被系统自动命名为 Extracted_shape，第 1 个关节应该垂直安装在该平面的几何中心。在菜单栏中依次选择"Add"→"Joint"→"Revolute"，生成关节对象 Revolute_joint。

7. 按住"Ctrl"键，依次选中关节对象 Revolute_joint 和提取到的圆形端面 Extracted_shape，单击水平工具栏中的"模型平移"图标按钮 ✛，弹出"Object/Item Translation/Position"对话框，如图 3-20 所示，选中对话框中间的"Position"选项卡，单击"Apply to

selection",使得关节坐标系与平面坐标系的原点重合,最后关闭"Object/Item Translation/ Position"对话框。

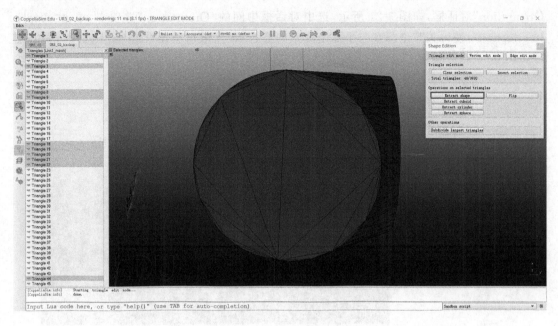

图 3-18　下底面三角形选择

```
[CoppeliaSim:info]      Generating  shape...
[CoppeliaSim:info]      done.
```

图 3-19　状态栏提示

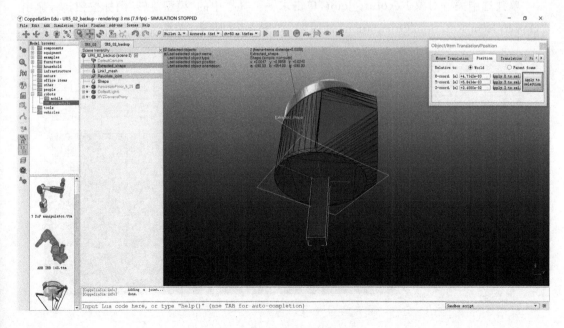

图 3-20　对齐坐标系原点

8. 按住"Ctrl"键,依次选中关节对象 Revolute_joint 和提取到的圆形端面 Extracted_shape,单击水平工具栏中的"模型旋转"图标按钮 ,弹出"Object/Item Rotation/Orientation"对话框,如图 3-21 所示,选中对话框中间的"Orientation"选项卡,单击"Apply to selection",使得关节坐标系与平面坐标系的姿态重合,最后关闭"Object/Item Rotation/Orientation"对话框。

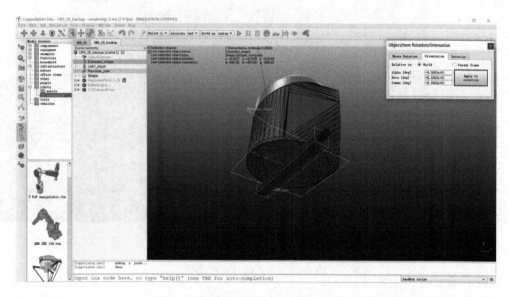

图 3-21 对齐坐标系姿态

9. 此时第 1 个关节的坐标系与提取平面的坐标系完全重合,但是关节并没有垂直安装在平面几何中心点位置,需要关节沿自身坐标系的 Y 轴旋转 90°,操作方法如下。

单独选中关节对象 Revolute_joint,单击水平工具栏中的"模型旋转"图标按钮 ,弹出"Object/Item Rotation/Orientation"对话框,如图 3-22 所示,选中对话框中的"Rotation"

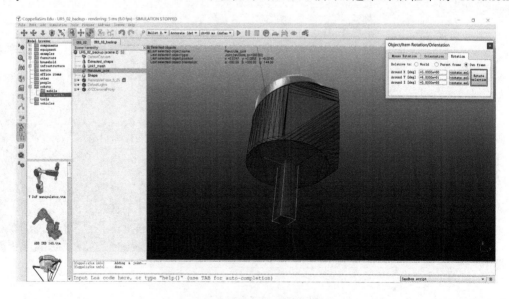

图 3-22 旋转第 1 个关节

选项卡,然后点选"Own frame"(即运动是相对于自身坐标系的),接着在"Around Y[deg]"后面的编辑框中输入"90"(即绕 Y 轴旋转 90°),单击"Rotate selection"按钮完成关节的旋转,最终关节对象 Revolute_joint 的坐标系 Z 轴指向提取到的圆形端面 Extracted_shape 里面,最后关闭"Object/Item Rotation/Orientation"对话框。

10. 调整好关节位置后,将其重命名为 UR5_joint1,并将其复制回原 UR5_02 场景中,这样第 1 个关节就完成了。

11. 在 UR5_02 场景的场景层次结构中,双击 Link1_mesh 前的属性图标 🝣,弹出"Scene Object Properties"对话框,单击"Adjust color",如图 3-23 所示。在弹出的"Shape"对话框中勾选"Opacity"选项,数值默认为 0.50 不变,依次关闭"Shape"对话框和"Scene Object Properties"对话框,此时显示窗口中的 Link1_mesh 已处于半透明状态,可以明显地观察到第 1 个关节 UR5_joint1,如图 3-24 所示。

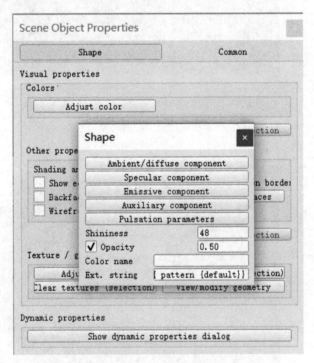

图 3-23　设置透明度

12. 同理,参考步骤 5~步骤 10,在 UR5_02_backup 场景中 shape 对象的上侧面完成第 2 个关节 UR5_joint2 的创建,不同之处是在步骤 9 中关节沿自身坐标系的 Y 轴旋转−90°,使第 2 个关节的坐标系的 Z 轴垂直于提取到的圆形端面并指向外面,最后将其复制回原 UR5_02 场景中,在 UR5_02 场景中可以明显地观察到第 2 个关节 UR5_joint2,如图 3-25 所示。

13. 同理,将 UR5_02 场景中的 Link2_mesh 复制到 UR5_02_backup 场景中,参考步骤 3~步骤 10,在 UR5_02_backup 场景中完成第 3 个关节 UR5_joint3 的创建,不同之处是在步骤 9 中关节沿自身坐标系的 Y 轴旋转−90°,使第 3 个关节的坐标系的 Z 轴垂直于提取到的圆形端面并指向里面,最后将其复制回原 UR5_02 场景中;在 UR5_02 场景中对 Link2_

mesh 进行半透明处理,可以明显地观察到第 3 个关节 UR5_joint3,如图 3-26 所示。

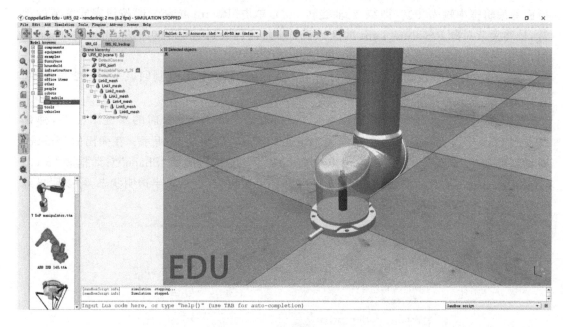

图 3-24　显示第 1 个关节

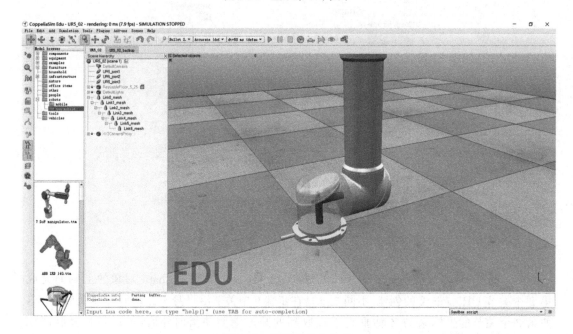

图 3-25　显示第 2 个关节

14. 同理,将 UR5_02 场景中的 Link3_mesh 复制到 UR5_02_backup 场景中,参考步骤 3～步骤 10,在 UR5_02_backup 场景中完成第 4 个关节 UR5_joint4 的创建,不同之处是在步骤 9 中关节沿自身坐标系的 Y 轴旋转−90°,使第 4 个关节的坐标系的 Z 轴垂直于提取到的圆形端面并指向外面,最后将其复制回原 UR5_02 场景中;在 UR5_02 场景中对 Link3_mesh 进行半透明处理,可以明显地观察到第 4 个关节 UR5_joint4,如图 3-27 所示。

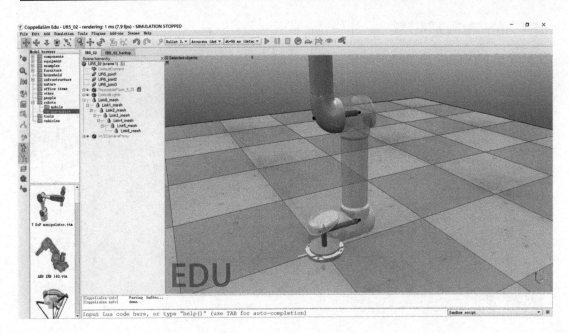

图 3-26　显示第 3 个关节

15. 同理,将 UR5_02 场景中的 Link4_mesh 复制到 UR5_02_backup 场景中,参考步骤
3～步骤 10,在 UR5_02_backup 场景中完成第 5 个关节 UR5_joint5 的创建,第 5 个关节的
坐标系的 Z 轴垂直于提取到的圆形端面并指向外面,最后将其复制回原 UR5_02 场景中;在
UR5_02 场景中对 Link4_mesh 进行半透明处理,可以明显地观察到第 5 个关节 UR5_
joint5,如图 3-28 所示。

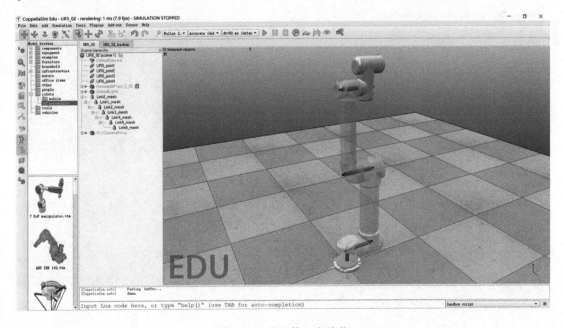

图 3-27　显示第 4 个关节

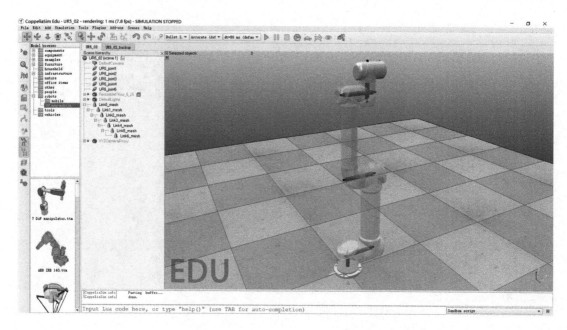

图 3-28　显示第 5 个关节

16. 同理,将 UR5_02 场景中的 Link5_mesh 复制到 UR5_02_backup 场景中,参考步骤 3～步骤 10,在 UR5_02_backup 场景中完成第 6 个关节 UR5_joint6 的创建,不同之处是在步骤 9 中关节沿自身坐标系的 Y 轴旋转−90°,使第 6 个关节的坐标系的 Z 轴垂直于提取到的圆形端面并指向外面,最后将其复制回原 UR5_02 场景中;在 UR5_02 场景中对 Link5_mesh 进行半透明处理,可以明显地观察到第 6 个关节 UR5_joint6,如图 3-29 所示。

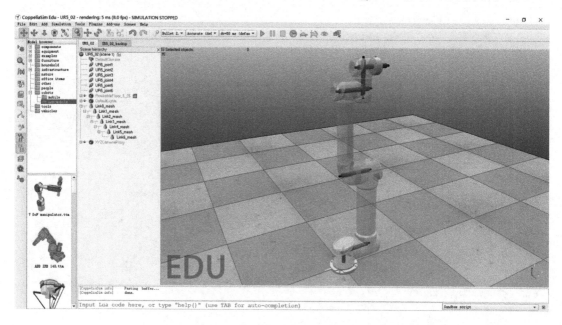

图 3-29　显示第 6 个关节

17. 双击场景层次结构中 UR5_joint1 对象前面的图标 ✎,弹出"Scene Object

Properties"对话框,如图 3-30 所示,调整 Length[m]尺寸为 0.050,其他默认不变。同理,依次调整 UR5_joint2、UR5_joint3、UR5_joint4、UR5_joint5、UR5_joint6 的关节尺寸,最终显示效果如图 3-31 所示。

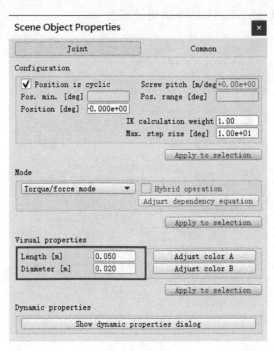

图 3-30　调整关节尺寸

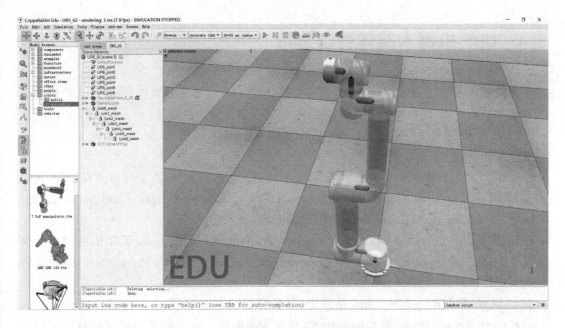

图 3-31　调整关节尺寸后的模型显示

18. 在 UR5_02 场景的场景层次结构中,双击 Link1_mesh 前的属性图标 🝖,弹出

"Scene Object Properties"对话框,单击"Adjust color",如图 3-32 所示,在弹出的"Shape"对话框取消勾选"Opacity"选项,依次关闭"Shape"对话框和"Scene Object Properties"对话框,此时显示窗口中的 Link1_mesh 已取消半透明状态。同理,依次取消 Link2_mesh、Link3_mesh、Link4_mesh 和 Link5_mesh 的半透明状态。

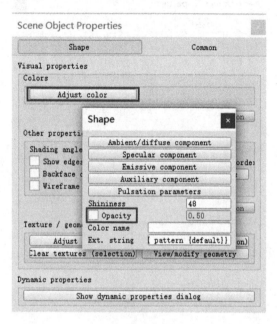

图 3-32　取消半透明状态

# 3.4　UR5 机器人实体特征提取

我们在导入 STL 格式的 UR5 机器人模型时,选择的是 Mesh 属性,这样导入的模型只具备运动学特征,要使其具备动力学特征,一般将模型转换为凸面体。

1. 在原来打开的 UR5_02 场景的基础上,新建一个场景,保存为 UR5_02_backup2.ttt。

2. 由于模型对象在转换为凸面体后,原来的结构将被替换掉,为了保留原有结构,我们将 UR5 机器人的 Link0_mesh、Link1_mesh、Link2_mesh、Link3_mesh、Link4_mesh、Link5_mesh 和 Link6_mesh 共 7 个零部件对象复制至新建场景中。

3. 在 UR5_02_backup2 场景中,如图 3-33 所示,选中 Link0_mesh 后右击,在弹出的快捷菜单上,依次选择"Edit"→"Morph selection into convex shapes",把 Link0_mesh 对象转换为多面体。

4. 同理,在 UR5_02_backup2 场景中,依次将 Link1_mesh、Link2_mesh、Link3_mesh、Link4_mesh、Link5_mesh 和 Link6_mesh 转换为多面体。全部转换为多面体后的模型如图 3-34 所示。

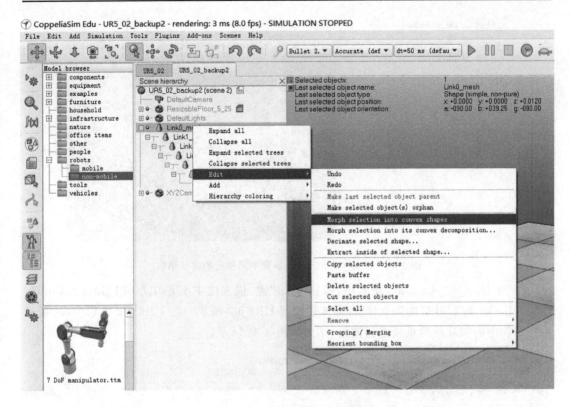

图 3-33　转换为多面体命令

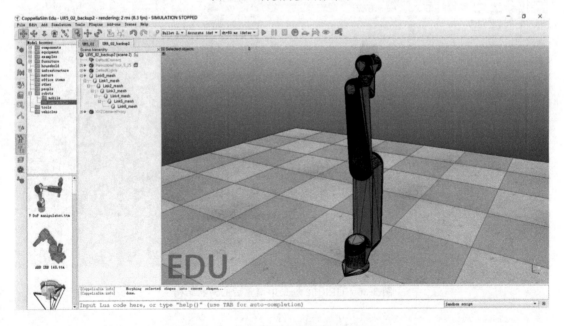

图 3-34　全部转换为多面体后的模型

5. 在 UR5_02_backup2 场景中,将 Link0_mesh、Link1_mesh、Link2_mesh、Link3_mesh、Link4_mesh、Link5_mesh 和 Link6_mesh 分别重命名为 Link0、Link1、Link2、Link3、Link4、Link5 和 Link6;对场景层次结构中的树状结构重新进行调整,结果如图 3-35 所示。

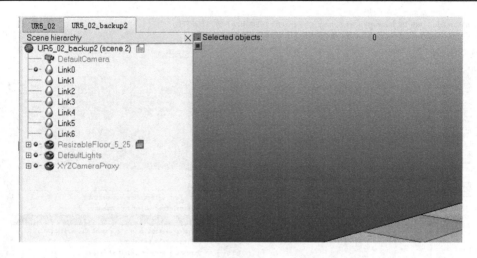

图 3-35　UR5_02_backup2 场景中调整后的树状结构

6. 在 UR5_02_backup2 场景中，按住"Ctrl"键，依次选中 Link0、Link1、Link2、Link3、Link4、Link5 和 Link6 共 7 个对象，将其复制回 UR5_02 场景。在 UR5_02 场景中，对场景层次结构中的树状结构重新进行调整，结果如图 3-36 所示。

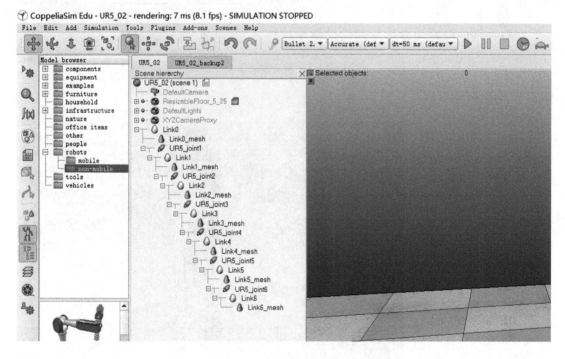

图 3-36　UR5_02 场景中调整后的树状结构

## 3.5　UR5 机器人动力学属性设置

1. 在 UR5_02 场景的场景层次结构中，双击 Link1 前的属性图标  ，弹出"Scene

Object Properties"对话框,单击下方的"Show dynamic properties dialog"按钮,弹出"Rigid Body Dynamic Properties"对话框,如图 3-37 所示,勾选"Body is respondable",在"Local respondable mask"后面的 8 个方框中仅第 1 个方框保留"√",勾选"Body is dynamic"。设置完成后依次关闭"Rigid Body Dynamic Properties"对话框和"Scene Object Properties"对话框。

2. 在 UR5_02 场景的场景层次结构中,根据同样的方式分别设置 Link2、Link3、Link4、Link5 和 Link6 的动力学属性,不同之处在于"Local respondable mask"后面的 8 个方框中,Link2~Link6 分别对应的第 2~6 个方框保留"√"。

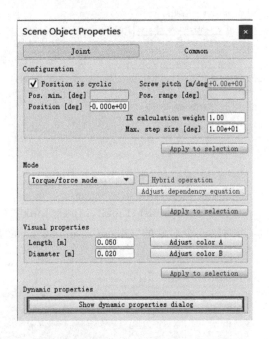

图 3-37    动力学属性设置                图 3-38    "Scene Object Properties"对话框

3. 在 UR5_02 场景的场景层次结构中,双击 UR5_joint1 前的属性图标 ✐,弹出"Scene Object Properties"对话框,如图 3-38 所示,单击下方的"Show dynamic properties dialog"按钮,弹出"Joint Dynamic Properties"对话框,如图 3-39 所示,勾选"Motor enabled",在"Maximum torque[N * m]"后面的编辑框中把关节扭矩数值改为 100,接着勾选"Control loop enabled",默认选择"Position control(PID)"不变。设置完成后依次关闭"Joint Dynamic Properties"对话框和"Scene Object Properties"对话框。

4. 在 UR5_02 场景的场景层次结构中,根据同样的方式分别设置 UR5_joint2、UR5_joint3、UR5_joint4、UR5_joint5 和 UR5_joint6 的动力学属性。

5. 动力学属性设置完成后,为使仿真模型的显示更加美观,我们对转换后的多面体进行隐藏。在 UR5_02 场景的场景层次结构中,双击 Link0 前的属性图标 🝙,弹出"Scene Object Properties"对话框,单击"Common"按钮,切换页面,在"Camera visibility layers"后的两排方框中,仅第 2 排第 1 个方框设置"√",勾选"Object is model base",如图 3-40 所示。设置完成后依次关闭"Scene Object Properties"对话框,这时候在显示窗口 Link0 已隐藏。

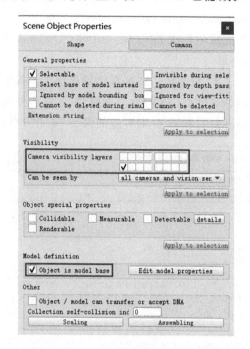

图 3-39　关节动力学属性设置　　　　图 3-40　多面体隐藏设置

同理,对 Link1、Link2、Link3、Link4、Link5 和 Link6 分别进行隐藏处理,不同的是,不再对这 6 个对象的"Object is model base"进行勾选。多面体全部隐藏后的界面如图 3-41 所示。

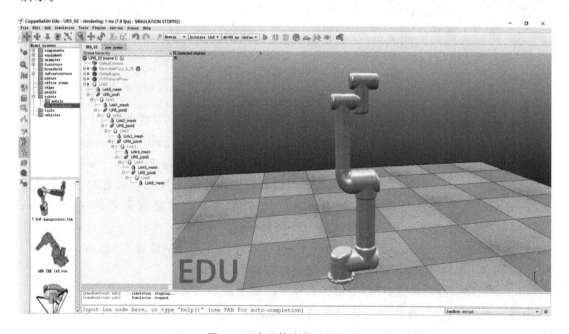

图 3-41　多面体隐藏后的界面

## 3.6　脚本编程控制

为了实现对 UR5 机器人仿真模型的控制,在 UR5_02 场景中场景层次结构的 Link0 对象上创建简单的线程子脚本文件。首先选择 Link0 对象,然后右击,在弹出的快捷菜单上选择"Add"→"Associated child script"→"Threaded",就可以将新的线程子脚本附加到对象,如图 3-42 所示。

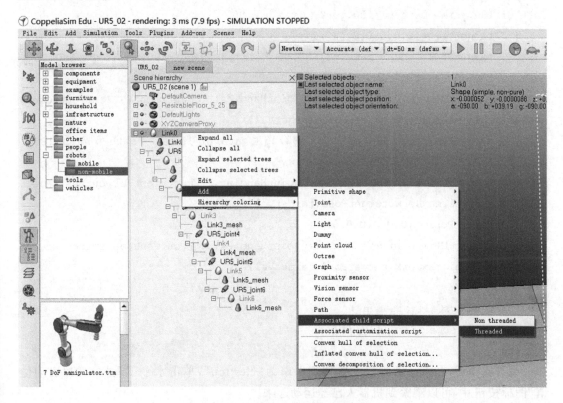

图 3-42　添加线程子脚本到场景对象

在线程子脚本中进行编程,这里把 1.5.3 小节中的源代码复制过来,如下。

```
function sysCall_threadmain()
    -- Put some initialization code here
    jointHandles = { -1, -1, -1, -1, -1, -1 }
    for i = 1,6,1 do
        jointHandles[i] = sim.getObjectHandle('UR5_joint'..i)
    end
    -- Put your main loop here, e.g.：
    vel = 180
    accel = 40
```

```
    jerk = 80
    currentVel = {0,0,0,0,0,0,0}
    currentAccel = {0,0,0,0,0,0,0}
    maxVel = {vel * math. pi/180, vel * math. pi/180, vel * math. pi/180, vel * math.
pi/180, vel * math. pi/180, vel * math. pi/180}
    maxAccel = {accel * math. pi/180, accel * math. pi/180, accel * math. pi/180,
accel * math. pi/180, accel * math. pi/180, accel * math. pi/180}
    maxJerk = {jerk * math. pi/180, jerk * math. pi/180, jerk * math. pi/180, jerk *
math. pi/180, jerk * math. pi/180, jerk * math. pi/180}
    targetVel = {0,0,0,0,0,0}
    targetPos1 = {90 * math. pi/180, 90 * math. pi/180, - 90 * math. pi/180, 90 *
math. pi/180, 90 * math. pi/180, 90 * math. pi/180}
    sim. rmlMoveToJointPositions(jointHandles, - 1, currentVel, currentAccel,
maxVel, maxAccel, maxJerk, targetPos1, targetVel)
    targetPos2 = { - 90 * math. pi/180, 45 * math. pi/180, 90 * math. pi/180, 135 *
math. pi/180, 90 * math. pi/180, 90 * math. pi/180}
    sim. rmlMoveToJointPositions(jointHandles, - 1, currentVel, currentAccel,
maxVel, maxAccel, maxJerk, targetPos2, targetVel)
    targetPos3 = {0,0,0,0,0,0}
    sim. rmlMoveToJointPositions(jointHandles, - 1, currentVel, currentAccel,
maxVel, maxAccel, maxJerk, targetPos3, targetVel)
end
function sysCall_cleanup()
    -- Put some clean-up code here
end
```

编程完毕后,在水平工具栏设置物理引擎为"Newton",单击水平工具栏中的"启动仿真"图标按钮 ▷,可以观察到机器人已经运动起来。

# 3.7　本章小结

本章搭建了 UR5 机器人的仿真环境,首先在 CoppeliaSim 软件中导入 UR5 机器人三维模型;其次创建 UR5 机器人关节、提取实体特征和设置动力学属性;最后编写脚本程序,使 UR5 机器人运动起来,实现了对 UR5 机器人仿真模型的运动控制。

# 第4章 UR5机器人运动学仿真

## 4.1 UR5 机器人正运动学方程的建立

UR5 机器人可以看作由 6 个转动关节串联的若干连杆组成,每个关节由独立的电机驱动,本质上是一种半闭环的控制结构,系统只能精确控制关节伺服电机的位置,而电机位置与机器人末端执行器位姿之间的关系则通过运动学确定。

接下来我们采用改进的 D-H 方法(MDH)来进行运动学建模。D-H 方法是 Denavit 和 Hartenberg 在 1955 年提出的一种通用方法,这种方法是在机器人的每个连杆上都固定一个坐标系,然后用 4×4 的齐次变换矩阵来描述相邻两连杆的空间关系。通过依次变换可最终推导出末端执行器相对于基坐标系的位姿,从而建立机器人的运动学方程。

以机器人的固定基座为连杆 0 开始对连杆进行编号,第一个可动连杆为连杆 1,依次往后排序,运动学建模步骤如下。

(1)确定各关节的 $z$ 轴。如图 4-1 所示,连杆 $i-1$ 两端各有一个关节,关节轴线 $i-1$ 位于连杆 $i-1$ 靠近基座一端;同理,关节轴线 $i$ 位于连杆 $i$ 靠近基座一端。$z_{i-1}$ 坐标轴沿关节 $i-1$ 的轴线方向,$z_i$ 坐标轴沿关节 $i$ 的轴线方向;$z$ 轴的正方向有两种可能性,通常将相互平行关节的 $z$ 轴取为同一正方向。

(2)通过 $z$ 轴确定各关节的 $x$ 轴。关节轴线 $z_{i-1}$ 和关节轴线 $z_i$ 之间存在一条公垂线 $a_{i-1}$,$x_{i-1}$ 坐标轴沿公垂线 $a_{i-1}$,且指向 $z_i$ 轴方向;$z_{i-1}$ 与 $x_{i-1}$ 的交点定义为原点 $o_{i-1}$。

(3)在关节 $i-1$ 确定了 $z_{i-1}$ 轴、$x_{i-1}$ 轴及原点 $o_{i-1}$ 以后,就可以通过右手法则来确定 $y_{i-1}$ 轴的方向。

同理,可确定连杆 $i$ 的坐标系位于关节轴线 $z_i$ 上,坐标系原点及各轴方向如图 4-1 所示。

为描述相邻坐标系之间的位姿关系,对各个连杆的 D-H 参数给出如下定义。

连杆扭角 $\alpha_{i-1}$:关节轴线 $z_{i-1}$ 和关节轴线 $z_i$ 之间的夹角。

连杆长度 $a_{i-1}$:关节轴线 $z_{i-1}$ 和关节轴线 $z_i$ 之间的公垂线长度。

连杆转角 $\theta_i$:两公垂线 $a_{i-1}$ 和 $a_i$ 之间的夹角。

连杆距离 $d_i$:两公垂线 $a_{i-1}$ 和 $a_i$ 之间的距离。

在以上 4 个连杆 D-H 参数中,连杆长度 $a_{i-1}$ 的值恒大于零,而其余 3 个参数值可正可负。同时,只有参数 $\theta_i$ 是变量,其余 3 个参数是固定不变的,由机器人结构确定。

UR5 机器人是六关节的串联型机器人,其结构如图 4-2 所示。采用上面的改进 D-H 建

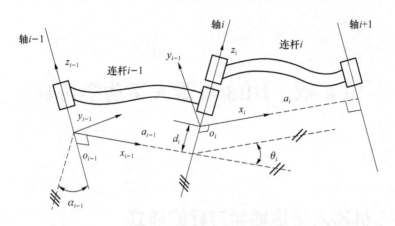

图 4-1　改进的 D-H 方法

模方法对各个连杆建立坐标系,如图 4-3 所示。

图 4-2　UR5 机器人结构

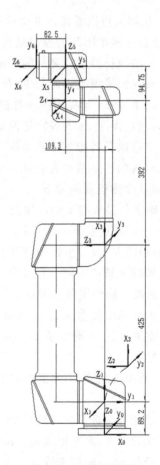

图 4-3　连杆坐标系

根据所建立的机器人连杆坐标系,可以得到 UR5 机器人的连杆参数,如表 4-1 所示。

表 4-1　UR5 机器人的连杆参数

| 坐标系变换 | $i-1$ | $i$ | 连杆转角 $\theta_i$ | 连杆距离 $d_i$ | 连杆长度 $a_{i-1}$ | 连杆扭角 $\alpha_{i-1}$ |
|---|---|---|---|---|---|---|
| 基座→连杆 1 | 0 | 1 | $\theta_1(-90°)$ | 89.2 | 0 | 0° |
| 连杆 1→连杆 2 | 1 | 2 | $\theta_2(90°)$ | 0 | 0 | 90° |
| 连杆 2→连杆 3 | 2 | 3 | $\theta_3(0°)$ | 0 | 425 | 0° |
| 连杆 3→连杆 4 | 3 | 4 | $\theta_4(-90°)$ | 109.3 | 392 | 0° |
| 连杆 4→连杆 5 | 4 | 5 | $\theta_5(0°)$ | 94.75 | 0 | $-90°$ |
| 连杆 5→连杆 6 | 5 | 6 | $\theta_6(0°)$ | 82.5 | 0 | 90° |

在确定了每个连杆的坐标系和 4 个参数之后,连杆 $i-1$ 和连杆 $i$ 之间的位置变换关系可以通过建立坐标系 $x_{i-1}y_{i-1}z_{i-1}$ 与坐标系 $x_iy_iz_i$ 之间的变换关系来确定。

从坐标系 $x_{i-1}y_{i-1}z_{i-1}$ 到坐标系 $x_iy_iz_i$,需要经过以下 4 步变换。

(1) 绕 $x_{i-1}$ 轴转 $\alpha_{i-1}$,使 $z_{i-1}$ 转到与 $z_i$ 相同的直线上;

(2) 沿 $x_{i-1}$ 轴平移一距离 $a_{i-1}$,将坐标系移到 $i$ 轴上;

(3) 绕 $z_i$ 轴转 $\theta_i$,使 $x_{i-1}$ 转到与 $x_i$ 相同的平面内;

(4) 沿 $z_i$ 轴平移 $d_i$,把 $x_{i-1}$ 移到与 $x_i$ 相同的直线上。

将上述 4 个步骤用齐次变换矩阵表示出来,并依次右乘,就可以将连杆坐标系 $x_{i-1}y_{i-1}z_{i-1}$ 变换到连杆坐标系 $x_iy_iz_i$,得到齐次变换矩阵:

$$_i^{i-1}\boldsymbol{T}=\text{Rot}(x,\alpha_{i-1})\text{Trans}(a_{i-1},0,0)\text{Rot}(z,\theta_i)\text{Trans}(0,0,d_i)$$

$$=\begin{bmatrix} c\theta_i & -s\theta_i & 0 & a_{i-1} \\ s\theta_ic\alpha_{i-1} & c\theta_ic\alpha_{i-1} & -s\alpha_{i-1} & -d_is\alpha_{i-1} \\ s\theta_is\alpha_{i-1} & c\theta_is\alpha_{i-1} & c\alpha_{i-1} & d_ic\alpha_{i-1} \\ 0 & 0 & 0 & 1 \end{bmatrix}$$

其中,$s$ 表示 $\sin$,$c$ 表示 $\cos$。以后将一律采用此约定。

对一给定的机器人,已知连杆几何参数和关节变量,欲求机器人末端执行器相对于参考坐标系的位置和姿态,这就需要建立机器人的正向运动学方程。由相邻连杆的齐次变换矩阵可得:

连杆 1 相对于机器人基坐标系的位姿变换矩阵为

$$_1^0\boldsymbol{T}=\text{Rot}(x,\alpha_0)\text{Trans}(a_0,0,0)\text{Rot}(z,\theta_1)\text{Trans}(0,0,d_1)$$

连杆 2 相对于连杆 1 坐标系的位姿变换矩阵为

$$_2^1\boldsymbol{T}=\text{Rot}(x,\alpha_1)\text{Trans}(a_1,0,0)\text{Rot}(z,\theta_2)\text{Trans}(0,0,d_2)$$

连杆 3 相对于连杆 2 坐标系的位姿变换矩阵为

$$_3^2\boldsymbol{T}=\text{Rot}(x,\alpha_2)\text{Trans}(a_2,0,0)\text{Rot}(z,\theta_3)\text{Trans}(0,0,d_3)$$

连杆 4 相对于连杆 3 坐标系的位姿变换矩阵为

$$_4^3\boldsymbol{T}=\text{Rot}(x,\alpha_3)\text{Trans}(a_3,0,0)\text{Rot}(z,\theta_4)\text{Trans}(0,0,d_4)$$

连杆 5 相对于连杆 3 坐标系的位姿变换矩阵为

$$_5^4\boldsymbol{T}=\text{Rot}(x,\alpha_4)\text{Trans}(a_4,0,0)\text{Rot}(z,\theta_5)\text{Trans}(0,0,d_5)$$

连杆 6 相对于连杆 3 坐标系的位姿变换矩阵为

$$_6^5\boldsymbol{T}=\text{Rot}(x,\alpha_5)\text{Trans}(a_5,0,0)\text{Rot}(z,\theta_6)\text{Trans}(0,0,d_6)$$

因此,连杆 6 相对于机器人基坐标系的位姿变换矩阵为

$$_6^0\boldsymbol{T}=_1^0\boldsymbol{T}_2^1\boldsymbol{T}_3^2\boldsymbol{T}_4^3\boldsymbol{T}_5^4\boldsymbol{T}_6^5\boldsymbol{T}$$

## 4.2　UR5 机器人位姿调整

从表 4-1 中可以看出,UR5 机器人的连杆转角 $\theta_1 \sim \theta_6$ 分别对应为 $-90°$、$90°$、$0°$、$-90°$、$0°$、$0°$。下面我们在 CoppeliaSim 软件中首先将 UR5 机器人的 6 个关节角度分别调整为上述对应角度,然后利用模型旋转功能将 UR5 机器人调整到如图 4-3 所示的位姿。

打开第 3 章中已经创建好的 UR5_02.ttt 文件,将其另存为 UR5_05_02.ttt,双击场景层次结构中 UR5_joint1 对象前面的图标 ✐,弹出"Scene Object Properties"对话框,如图 4-4 所示,将 Position［deg］度数调整为 $-90$,其他默认不变,按下回车键确认,关闭"Scene Object Properties"对话框。

同理,将 UR5_joint2、UR5_joint4 的角度分别调整为 90 和 $-90$,UR5_joint3、UR5_joint5、UR5_joint6 的角度默认为 0,保持不变。调整关节角度后的 UR5 机器人如图 4-5 所示。

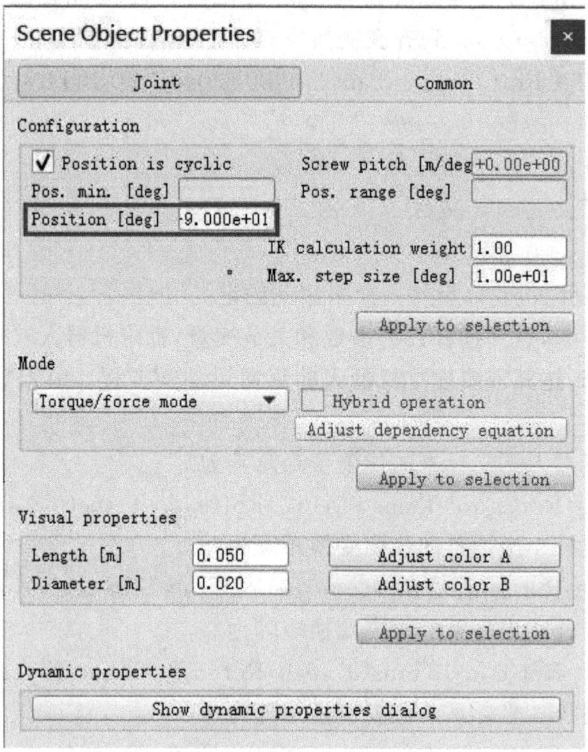

图 4-4　调整第 1 关节角度

在场景层次结构中选中 Link0,然后单击水平工具栏中的"模型旋转"图标按钮 ⟳,弹出"Object/Item Rotation/Orientation"对话框,选中对话框右侧的"Rotation"选项卡,按如

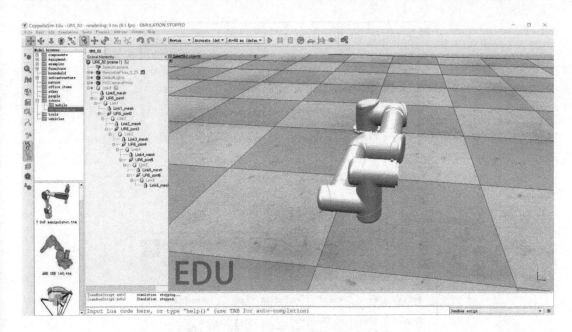

图 4-5　调整关节角度后的 UR5 机器人

图 4-6所示进行设置,单击"Rotate selection"按钮,使整个 UR5 机器人绕世界坐标系的 Z 轴旋转 180°,最后关闭"Object/Item Rotation/Orientation"对话框。(注:世界坐标系的原点在地板中心,X 轴、Y 轴、Z 轴的方向和显示在窗口右下角的 3 个坐标轴 X、Y、Z 指向一致)

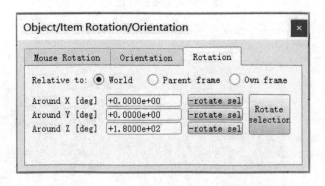

图 4-6　UR5 机器人旋转设置

在场景层次结构中选中 Link2,然后单击水平工具栏中的"模型旋转"图标按钮，弹出"Object/Item Rotation/Orientation"对话框,选中对话框右侧的"Rotation"选项卡,按如图 4-7所示进行设置,单击"Rotate selection"按钮,使 Link2 绕其父坐标系,即 UR5_joint2 的 Z 轴旋转－90°,最后关闭"Object/Item Rotation/Orientation"对话框。

在场景层次结构中选中 Link4,然后单击水平工具栏中的"模型旋转"图标按钮，弹出"Object/Item Rotation/Orientation"对话框,选中对话框右侧的"Rotation"选项卡,按如图 4-8所示进行设置,单击"Rotate selection"按钮,使 Link4 绕其父坐标系,即 UR5_joint4 的 Z 轴旋转 90°,最后关闭"Object/Item Rotation/Orientation"对话框。

旋转完毕的 UR5 机器人如图 4-9 所示,和图 4-3 位姿一致。

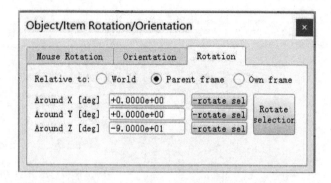

图 4-7  Link2 旋转设置

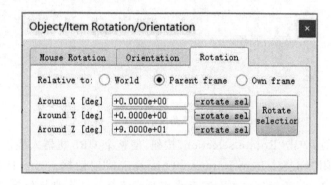

图 4-8  Link4 旋转设置

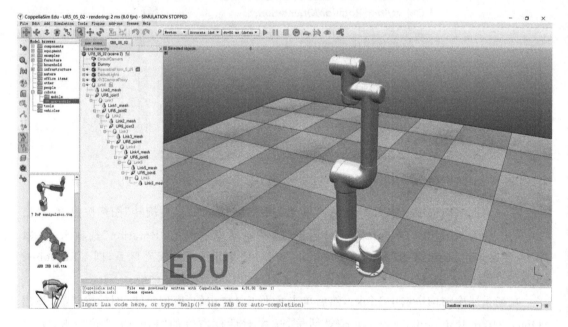

图 4-9  旋转后的 UR5 机器人

在场景层次结构中选中 UR5_joint1，然后单击水平工具栏中的"模型平移"图标按钮，弹出"Object/Item Translation/Position"对话框，如图 4-10 所示，选中对话框中间的

"Position"选项卡,记下 UR5_joint1 中的坐标系原点在世界坐标系中的位置为(−0.004 713 9,−0.005 843 3,0.024 000),最后关闭对话框。

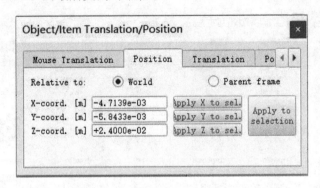

图 4-10　查看 UR5_joint1 中的坐标系原点位置

为使 UR5_joint1 中的坐标系 Z 轴和世界坐标系中的 Z 轴重合,在场景层次结构中选中 Link0,然后单击水平工具栏中的"模型平移"图标按钮 ,弹出"Object/Item Translation/Position"对话框,选中对话框右侧的"Translation"选项卡,按照如图 4-11 所示进行设置,单击"Translate selection"按钮,最后关闭对话框。

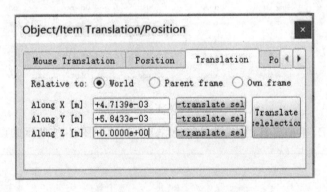

图 4-11　UR5 机器人平移设置

至此,完成 UR5 机器人的位姿调整。

## 4.3　基于机器人工具箱的 UR5 机器人正运动学仿真

机器人工具箱(Robotic Toolbook for MATLAB)是澳大利亚学者 Peter Corke 开发的基于 MATLAB 专门用于机器人仿真的工具箱,在机器人建模、正运动学、逆运动学、轨迹规划、控制、可视化仿真等方面使用非常方便。该工具箱极大地简化了机器人学初学者的代码,使学习者可以将注意力放在算法应用而不是基础而烦琐的底层建模上。

### 4.3.1　机器人工具箱配置

机器人工具箱可以在网上自行免费下载,本书使用的版本为 robot-9.10。将下载后的

zip 压缩包进行解压,将名字为 rvctools 的文件夹复制到 MATLAB 安装路径下的 toolbox 文件夹中,如图 4-12 所示。

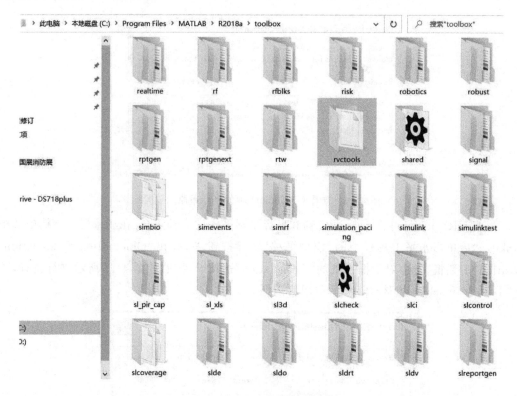

图 4-12　机器人工具箱复制路径

打开 MATLAB,单击工具栏的"设置路径"按钮,弹出如图 4-13 所示的设置路径对话框。

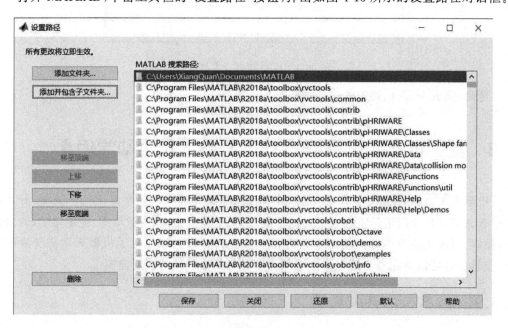

图 4-13　"设置路径"对话框

单击"设置路径"对话框中的"添加并包含子文件夹…"按钮,弹出如图 4-14 所示的对话框,选择刚才复制至 toolbox 下的文件夹 rvctools,然后单击该对话框中的"选择文件夹"按钮,即可完成设置,最后关闭"设置路径"对话框。

在 MATLAB 命令行输入 R＝trotx(pi)指令,输出结果如图 4-15 所示,说明配置正常。

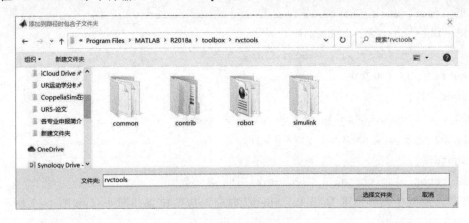

图 4-14　选择文件夹

```
>> R=trotx(pi)

R =

    1.0000         0         0         0
         0   -1.0000   -0.0000         0
         0    0.0000   -1.0000         0
         0         0         0    1.0000

fx >>|
```

图 4-15　运行工具箱命令

## 4.3.2　UR5 机器人建模与仿真

### 1. 构建运动学模型

在 MATLAB 环境下,创建脚本文件 UR5_model_rvctool. m,构建机器人运动学模型。下面利用机器人工具箱,编程实现 UR5 机器人的建模与正向运动学仿真。

```
clc;      %清除命令行窗口中的数据
clear;    %清除工作区中的数据
%Link 命令参数中第 1 位：连杆转角 theta = q,  第 2 位:连杆距离 d,
%第 3 位:连杆长度 a, 第 4 位:连杆扭角 alpha, 第 5 位:0 = R,1 = P
L(1) = Link([- pi/2 0.0892 0 0 0],'modified');
L(2) = Link([pi/2 0 0 pi/2 0],'modified');
L(3) = Link([0 0 0.425 0 0],'modified');
```

```
L(4) = Link([ - pi/2 0.1093 0.392 0 0],'modified');
L(5) = Link([0 0.09475 0 - pi/2 0],'modified');
L(6) = Link([0 0.0825 0 pi/2 0],'modified');
UR5_robot = SerialLink([L(1),L(2),L(3),L(4),L(5),L(6)]);
UR5_robot.name = 'UR5';
UR5_robot.comment = 'BISTU';
UR5_robot.display();     % SerialLink 类函数
theta1 = [0 0 0 0 0 0];
figure(1);
UR5_robot.plot(theta1);    % SerialLink 类函数
theta2 = [ - pi/2 pi/2 0 - pi/2 0 0];
figure(2);
UR5_robot.plot(theta2);    % SerialLink 类函数
```

机器人模型在关节角度为 theta1、theta2 时所对应的位置如图 4-16 和图 4-17 所示。

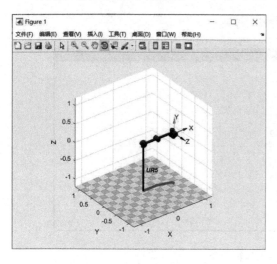

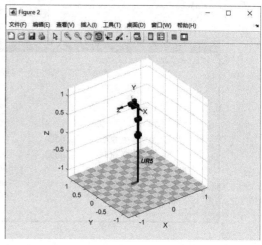

图 4-16　位置 1 模型　　　　　　　　　　图 4-17　位置 2 模型

**2. 正运动学位姿**

```
UR5_robot.fkine(theta1)          % 或 robot.fkine([0 0 0 0 0 0])
UR5_robot.fkine(theta2)          % 或 robot.fkine([ - pi/2 pi/2 0 - pi/2 0 0])
```

执行上述语句可以在命令行窗口分别输出机器人处于关节角度 theta1 和 theta2 时末端坐标系相对于基座坐标系的位姿矩阵,如图 4-18 所示。

**3. 关节曲线绘制**

```
t = [0:0.05:10]; % 仿真时间
[q,qd,qdd] = jtraj(theta1, theta2,t); % 关节空间规划
plot(UR5_robot,q); % 动画
```

执行上述语句可以求解机器人从关节角度 theta1 到 theta2 时的角位移、角速度和角加速度变化数值,同时实现机器人从关节角度 theta1 到 theta2 的运动过程。

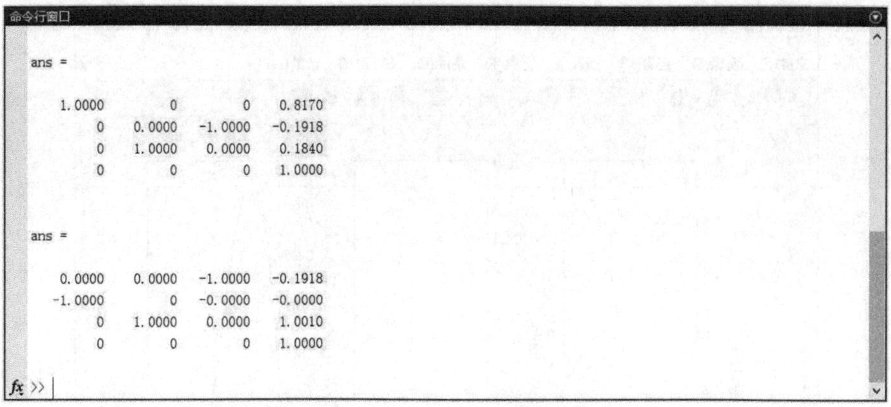

图 4-18　对应两位置的位姿矩阵

```
%关节2的角位移、角速度和角加速度曲线
figure(3);
subplot(1,3,1)
plot(t,q(:,2))%关节3的角位移曲线
xlabel('时间 t/s');ylabel('关节角位移/rad');
grid on
subplot(1,3,2)
plot(t,qd(:,2))%关节3的角速度曲线
xlabel('时间 t/s');ylabel('关节角速度/(rad/s)');
grid on
subplot(1,3,3)
plot(t,qdd(:,2))%关节3的角加速度曲线
xlabel('时间 t/s');ylabel('关节角加速度/(rad/s^2)');
grid on
```

执行上述语句可以画出机器人关节 2 从角度 0 旋转到 pi/2 时的角位移、角速度、角加速度的变化曲线图，如图 4-19 所示。

**4. 绘制机器人末端运动轨迹**

```
T = fkine(UR5_robot,q);
x(1,1:201) = T(1,4,:);
y(1,1:201) = T(2,4,:);
z(1,1:201) = T(3,4,:);
figure(4);
plot3(x,y,z,'ko'); %轨迹图像
plot(UR5_robot,q); %动画
axis([-1 1 -1 1 -1 1]);
grid on
```

执行上述语句，可以获得机器人末端的运动轨迹，如图 4-20 所示。

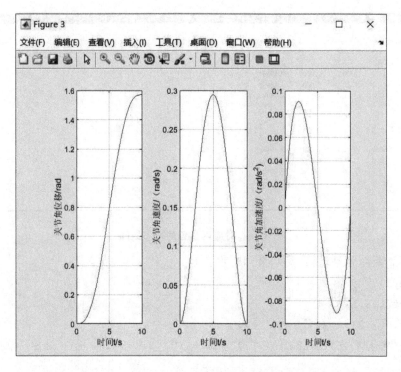

图 4-19　关节 2 的角位移、角速度和角加速度变化曲线图

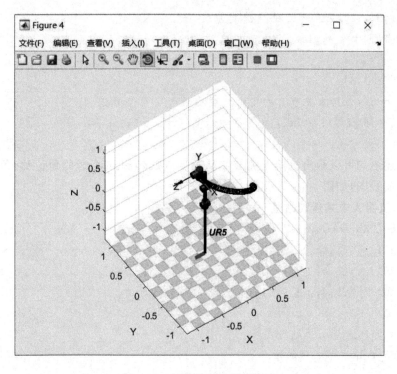

图 4-20　机器人末端运动轨迹

## 4.4　基于运动学方程的 UR5 机器人正运动学计算

本节将不使用机器人工具箱,而是在 MATLAB 中根据在 4.1 节已经建立的 UR5 机器人的运动学方程进行脚本编程,实现正运动学的计算。脚本源代码如下。

```
function T = UR5_forward_kinematics(q)
% D-H 参数矩阵
DH = [ - pi/2        0.0892          0            0
        pi/2         0               0            pi/2
        0            0               0.425        0
      - pi/2         0.1093          0.392        0
        0            0.09475         0          - pi/2
        0            0.0825          0            pi/2];

% D-H 参数 连杆转角
q1 = q(1);          q2 = q(2);          q3 = q(3);
q4 = q(4);          q5 = q(5);          q6 = q(6);
% D-H 参数 连杆距离
d1 = DH(1,2);     d2 = DH(2,2);     d3 = DH(3,2);
d4 = DH(4,2);     d5 = DH(5,2);     d6 = DH(6,2);
% D-H 参数 连杆长度
a0 = DH(1,3);     a1 = DH(2,3);     a2 = DH(3,3);
a3 = DH(4,3);     a4 = DH(5,3);     a5 = DH(6,3);
% D-H 参数 连杆扭角
alpha0 = DH(1,4);     alpha1 = DH(2,4);     alpha2 = DH(3,4);
alpha3 = DH(4,4);     alpha4 = DH(5,4);     alpha5 = DH(6,4);
%% 矩阵运算
% T_10 表示第一连杆相对基坐标的位姿
T_10 = [cos(q1)                   - sin(q1)                        0          a0
        sin(q1) * cos(alpha0)  cos(q1) * cos(alpha0)   - sin(alpha0)   - d1 * sin(alpha0)
        sin(q1) * sin(alpha0)  cos(q1) * sin(alpha0)   cos(alpha0)     d1 * cos(alpha0)
        0                      0                       0               1];
% T_21 表示第二连杆相对第一连杆的位姿
T_21 = [cos(q2)                   - sin(q2)                        0          a1
        sin(q2) * cos(alpha1)  cos(q2) * cos(alpha1)   - sin(alpha1)   - d2 * sin(alpha1)
        sin(q2) * sin(alpha1)  cos(q2) * sin(alpha1)   cos(alpha1)     d2 * cos(alpha1)
        0                      0                       0               1];
% T_32 表示第三连杆相对第二连杆的位姿
```

$$T\_32 = \begin{bmatrix} \cos(q3) & -\sin(q3) & 0 & a2 \\ \sin(q3)*\cos(alpha2) & \cos(q3)*\cos(alpha2) & -\sin(alpha2) & -d3*\sin(alpha2) \\ \sin(q3)*\sin(alpha2) & \cos(q3)*\sin(alpha2) & \cos(alpha2) & d3*\cos(alpha2) \\ 0 & 0 & 0 & 1 \end{bmatrix};$$

%T_43 表示第四连杆相对第三连杆的位姿

$$T\_43 = \begin{bmatrix} \cos(q4) & -\sin(q4) & 0 & a3 \\ \sin(q4)*\cos(alpha3) & \cos(q4)*\cos(alpha3) & -\sin(alpha3) & -d4*\sin(alpha3) \\ \sin(q4)*\sin(alpha3) & \cos(q4)*\sin(alpha3) & \cos(alpha3) & d4*\cos(alpha3) \\ 0 & 0 & 0 & 1 \end{bmatrix};$$

%T_54 表示第五连杆相对第四连杆的位姿

$$T\_54 = \begin{bmatrix} \cos(q5) & -\sin(q5) & 0 & a4 \\ \sin(q5)*\cos(alpha4) & \cos(q5)*\cos(alpha4) & -\sin(alpha4) & -d5*\sin(alpha4) \\ \sin(q5)*\sin(alpha4) & \cos(q5)*\sin(alpha4) & \cos(alpha4) & d5*\cos(alpha4) \\ 0 & 0 & 0 & 1 \end{bmatrix};$$

%T_65 表示第六连杆相对第五连杆的位姿

$$T\_65 = \begin{bmatrix} \cos(q6) & -\sin(q6) & 0 & a5 \\ \sin(q6)*\cos(alpha5) & \cos(q6)*\cos(alpha5) & -\sin(alpha5) & -d6*\sin(alpha5) \\ \sin(q6)*\sin(alpha5) & \cos(q6)*\sin(alpha5) & \cos(alpha5) & d6*\cos(alpha5) \\ 0 & 0 & 0 & 1 \end{bmatrix};$$

```
T_20 = T_10 * T_21;                        %T_20 表示第二连杆相对基坐标的位姿
T_30 = T_10 * T_21 * T_32;                 %T_30 表示第三连杆相对基坐标的位姿
T_40 = T_10 * T_21 * T_32 * T_43;          %T_40 表示第四连杆相对基坐标的位姿
T_50 = T_10 * T_21 * T_32 * T_43 * T_54;   %T_50 表示第五连杆相对基坐标的位姿
T_60 = T_10 * T_21 * T_32 * T_43 * T_54 * T_65;   %T_60 表示第六连杆相对基坐标的
                                                    位姿

T = T_60;
end
```

在 MATLAB 命令行窗口输入如下命令,输出结果如图 4-21 所示,从图中可以看出,和 4.3 节利用机器人工具箱得到的结果一致。

```
>> theta1 = [0 0 0 0 0 0];
>> theta2 = [-pi/2 pi/2 0 -pi/2 0 0];
>> UR5_forward_kinematics(theta1)
>> UR5_forward_kinematics(theta2)
```

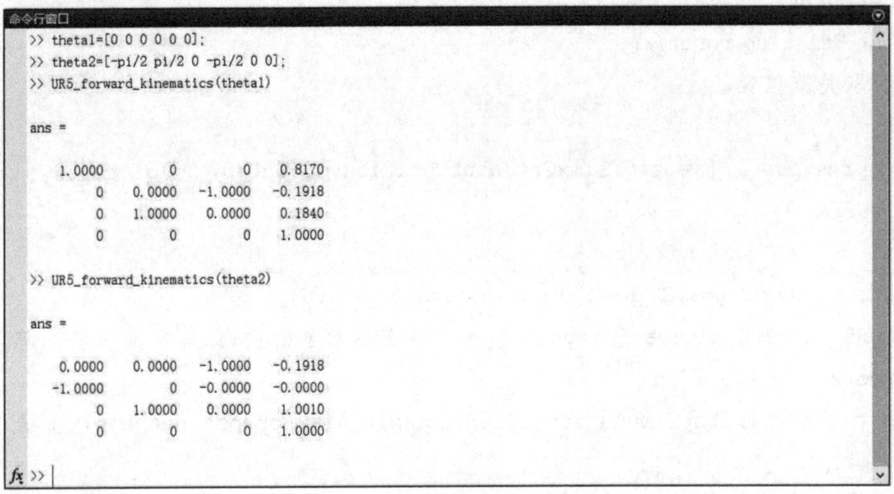

```
命令行窗口
>> theta1=[0 0 0 0 0 0];
>> theta2=[-pi/2 pi/2 0 -pi/2 0 0];
>> UR5_forward_kinematics(theta1)

ans =

    1.0000         0         0    0.8170
         0    0.0000   -1.0000   -0.1918
         0    1.0000    0.0000    0.1840
         0         0         0    1.0000

>> UR5_forward_kinematics(theta2)

ans =

    0.0000    0.0000   -1.0000   -0.1918
   -1.0000         0   -0.0000   -0.0000
         0    1.0000    0.0000    1.0010
         0         0         0    1.0000

fx >>
```

图 4-21　正运动学计算结果

## 4.5　基于 CoppeliaSim 和运动学方程的 UR5 机器人正运动学计算

本节在 MATLAB 中创建新的脚本文件 UR5_forward_test. m 并进行编程，首先实现从 CoppeliaSim 中获取 UR5 机器人的各关节具体位置，然后利用 4.4 节已经创建的 UR5_forward_kinematics()函数，进行正运动学计算，得到末端位姿矩阵。

MATLAB 脚本 UR5_forward_test. m 的源代码如下。

```
function UR5_forward_test()
disp('Program started');
sim = remApi('remoteApi');   %导入库函数
sim.simxFinish(-1);          %结束通信线程
%开始通信连接
clientID = sim.simxStart('127.0.0.1', 19999, true, true, 2000, 5);
if clientID < 0 %判断是否通信成功
    disp('Failed connecting to remote API server. Exiting.');
    sim.delete();
    return;
end
fprintf('Connection %d to remote API server open.\n', clientID);
%开始仿真
res = sim.simxStartSimulation(clientID, sim.simx_opmode_oneshot_wait);
%初始化所有需要被操作的对象
h = UR5_Init(sim, clientID);
```

```
    pause(.2);
    disp('Starting robot');
    % 获取关节位置
    for i = 1:1:6
        [res,pos(i)] = sim.simxGetJointPosition(clientID, h.Joints(i),sim.simx_
opmode_buffer );
    end
    theta = [pos(1) pos(2) pos(3) pos(4) pos(5) pos(6)]
    T = UR5_forward_kinematics(pos)    % 调用正运动学函数,计算末端位姿矩阵
    pause(2);   % 暂停 2s
    res = sim.simxStopSimulation(clientID, sim.simx_opmode_oneshot);% 结束仿真
    end
```

可以看出,脚本运行时,先后调用 UR5_Init()和 UR5_forward_kinematics()两个函数,
其中 UR5_Init()函数的源代码如下。

```
    function handles = UR5_Init(sim, clientID)
    handles = struct('id',clientID);
    Joints = [-1, -1, -1, -1, -1, -1];
    % 获取 Joints 的句柄
    [res Joints(1)] =
                sim.simxGetObjectHandle(clientID, 'UR5_joint1', sim.simx_opmode_
oneshot_wait);
    [res Joints(2)] =
                sim.simxGetObjectHandle(clientID, 'UR5_joint2', sim.simx_opmode_
oneshot_wait);
    [res Joints(3)] =
                sim.simxGetObjectHandle(clientID, 'UR5_joint3', sim.simx_opmode_
oneshot_wait);
    [res Joints(4)] =
                sim.simxGetObjectHandle(clientID, 'UR5_joint4', sim.simx_opmode_
oneshot_wait);
    [res Joints(5)] =
                sim.simxGetObjectHandle(clientID, 'UR5_joint5', sim.simx_opmode_
oneshot_wait);
    [res Joints(6)] =
                sim.simxGetObjectHandle(clientID, 'UR5_joint6', sim.simx_opmode_
oneshot_wait);
    handles.Joints = Joints;
    % 第一次获取反馈值
```

```
for i = 1:6
    res = sim.simxGetJointPosition(clientID, Joints(i), sim.simx_opmode_
streaming);
    end
end
```

为实现 MATLAB 和 CoppeliaSim 的正常通信,需要进行如下操作。

(1) 打开 C:\Program Files\CoppeliaRobotics\CoppeliaSimEdu\programming\
remoteApiBindings\matlab\matlab 文件夹,复制所有文件,并粘贴至 UR5_Init.m 和
UR5_forward_test.m 所在的文件夹中。

(2) 打开 C:\Program Files\CoppeliaRobotics\CoppeliaSimEdu\programming\
remoteApiBindings\lib\lib\Windows 文件夹,复制 remoteApi.dll 文件,并粘贴至 UR5
_Init.m 和 UR5_forward_test.m 所在的文件夹中。

(3) 启动 CoppeliaSim 软件,打开 4.2 节中保存的 UR5_05_02.ttt,将其另存为 UR5_05_05.ttt。
在场景层次结构中,单击 Link0 右侧的图标 ,打开脚本文件,在最顶端添加如下语句:

```
simRemoteApi.start(19999)
```

配置完成后,在 MATLAB 命令行窗口输入如下命令,输出结果如图 4-22 所示。

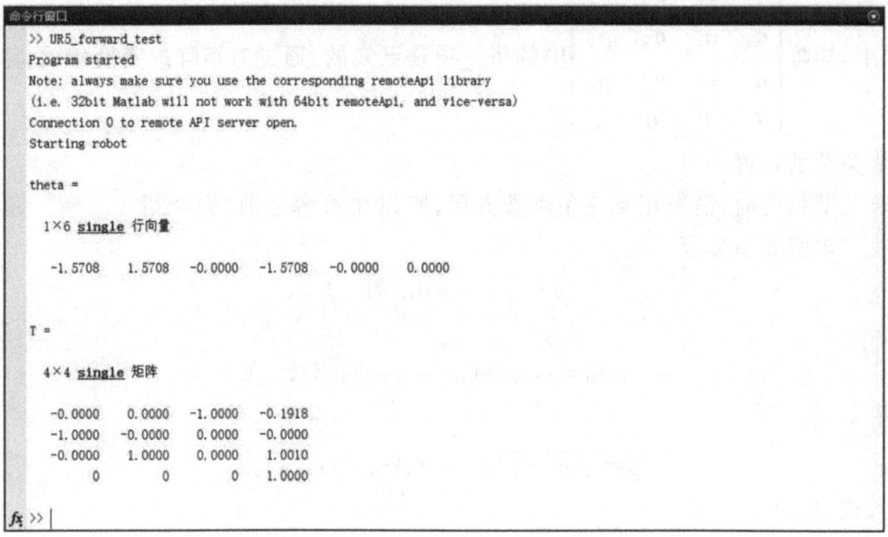

图 4-22　正运动学计算结果

```
>> UR5_forward_test
```

可以看出,从 CoppeliaSim 中获取 UR5 机器人的各关节角度分别为 $-\mathrm{pi}/2$、$\mathrm{pi}/2$、0、
$-\mathrm{pi}/2$、0、0,代入 UR5_forward_kinematics(q) 函数,得到末端坐标系相对于基座坐标系的
位姿矩阵,所得结果和 4.3 节、4.4 节的结果一致。

## 4.6 UR5 机器人逆运动学求解

已知机器人连杆的几何参数,给定机器人末端坐标系相对于基坐标系的期望位置和姿态,求机器人能够达到预期位置的关节变量,这就需要对运动方程求解,即逆向运动学求解。

逆运动学求解最常用的方法有解析法和数值法,数值解需要进行反复迭代,因而数值法求解效率比较低。封闭解析逆解存在的条件是:六自由度机械臂的前面三个或者最后三个连续关节轴线要么相互平行,要么相交于一点。UR5 机器人的第 2、3、4 关节轴线相互平行,满足机器人机构学中的 Pieper 准则,其运动学逆解具有封闭解。本节我们根据 4.1 节运动学正解的结果,采用解析法进行逆运动学的求解。

UR5 机器人的运动方程如下:

$$
{}^0_6\boldsymbol{T} = \begin{bmatrix} n_x & o_x & a_x & p_x \\ n_y & o_y & a_y & p_y \\ n_z & o_z & a_z & p_z \\ 0 & 0 & 0 & 1 \end{bmatrix} = {}^0_1\boldsymbol{T}(\theta_1){}^1_2\boldsymbol{T}(\theta_2){}^2_3\boldsymbol{T}(\theta_3){}^3_4\boldsymbol{T}(\theta_4){}^4_5\boldsymbol{T}(\theta_5){}^5_6\boldsymbol{T}(\theta_6) \tag{4.1}
$$

式(4.1)中,矩阵 $\begin{bmatrix} n_x & o_x & a_x & p_x \\ n_y & o_y & a_y & p_y \\ n_z & o_z & a_z & p_z \\ 0 & 0 & 0 & 1 \end{bmatrix}$ 中的每一项是已知的,通过对矩阵的变换相乘,可以反向求出各个关节的角度。

在求关节角度时,需要用到三角函数方程,所以在求解之前,先介绍一下解三角函数方程的方法。求解如下方程:

$$
m\cos(\theta) - n\sin(\theta) = L \tag{4.2}
$$

令

$$
m = \rho\sin(\phi), \quad n = \rho\cos(\phi),
$$

其中

$$
\rho = \sqrt{m^2 + n^2}, \quad \phi = A\tan2(m, n),
$$

将其代入式(4.2):

$$
\rho\sin(\phi)\cos(\theta) - \rho\cos(\phi)\sin(\theta) = L \Rightarrow \sin(\phi - \theta) = L/\rho,
$$

则

$$
\cos(\phi - \theta) = \pm\sqrt{1 - \frac{L^2}{\rho^2}} \Rightarrow \phi - \theta = A\tan2\left(\frac{L}{\rho}, \pm\sqrt{1 - \frac{L^2}{\rho^2}}\right),
$$

$$
\theta = A\tan2(m, n) - A\tan2(L, \pm\sqrt{m^2 + n^2 - L^2})。
$$

**1. 求解关节转角 $\theta_1$、$\theta_5$、$\theta_6$**

根据式(4.1),可得:

$$
{}^1_5\boldsymbol{T} = {}^0_1\boldsymbol{T}^{-1}(\theta_1){}^0_6\boldsymbol{T}{}^5_6\boldsymbol{T}^{-1}(\theta_6) = {}^1_2\boldsymbol{T}(\theta_2){}^2_3\boldsymbol{T}(\theta_3){}^3_4\boldsymbol{T}(\theta_4){}^4_5\boldsymbol{T}(\theta_5) \tag{4.3}
$$

矩阵相乘,展开后得:

$${}_{5}^{1}\boldsymbol{T}={}_{1}^{0}\boldsymbol{T}^{-1}(\theta_{1}){}_{6}^{0}\boldsymbol{T}(\theta_{5}){}_{6}^{5}\boldsymbol{T}^{-1}(\theta_{6})=$$

$$\begin{bmatrix} c_{6}(\boldsymbol{n}_{x}c_{1}+\boldsymbol{n}_{y}s_{1})-s_{6}(\boldsymbol{o}_{x}c_{1}+\boldsymbol{o}_{y}s_{1}) & -\boldsymbol{a}_{x}c_{1}-\boldsymbol{a}_{y}s_{1} & s_{6}(\boldsymbol{n}_{x}c_{1}+\boldsymbol{n}_{y}s_{1})+c_{6}(\boldsymbol{o}_{x}c_{1}+\boldsymbol{o}_{y}s_{1}) & \boldsymbol{p}_{x}c_{1}+\boldsymbol{p}_{y}s_{1}-d_{6}(\boldsymbol{a}_{x}c_{1}+\boldsymbol{a}_{y}s_{1}) \\ c_{6}(\boldsymbol{n}_{y}c_{1}-\boldsymbol{n}_{x}s_{1})-s_{6}(\boldsymbol{o}_{y}c_{1}-\boldsymbol{o}_{x}s_{1}) & \boldsymbol{a}_{x}s_{1}-\boldsymbol{a}_{y}c_{1} & s_{6}(\boldsymbol{n}_{y}c_{1}-\boldsymbol{n}_{x}s_{1})+c_{6}(\boldsymbol{o}_{y}c_{1}-\boldsymbol{o}_{x}s_{1}) & \boldsymbol{p}_{y}c_{1}-\boldsymbol{p}_{x}s_{1}-d_{6}(\boldsymbol{a}_{y}c_{1}-\boldsymbol{a}_{x}s_{1}) \\ \boldsymbol{n}_{z}c_{6}-\boldsymbol{o}_{z}s_{6} & -\boldsymbol{a}_{z} & \boldsymbol{o}_{z}c_{6}+\boldsymbol{n}_{z}s_{6} & \boldsymbol{p}_{z}-d_{1}-\boldsymbol{a}_{z}d_{6} \\ \boldsymbol{0} & \boldsymbol{0} & \boldsymbol{0} & 1 \end{bmatrix}$$

$${}_{5}^{1}\boldsymbol{T}={}_{2}^{1}\boldsymbol{T}{}_{3}^{2}\boldsymbol{T}{}_{4}^{3}\boldsymbol{T}{}_{5}^{4}\boldsymbol{T}=\begin{bmatrix} c_{5}c_{234} & -s_{5}c_{234} & -s_{234} & a_{3}c_{23}+a_{2}c_{2}-d_{5}s_{234} \\ s_{5} & c_{5} & 0 & -d_{4} \\ c_{5}s_{234} & -s_{5}s_{234} & c_{234} & a_{3}s_{23}+a_{2}s_{2}+d_{5}c_{234} \\ 0 & 0 & 0 & 1 \end{bmatrix}$$

1) 求关节转角 $\theta_1$

以上两个矩阵中(2,4)项元素对应相等：

$$\boldsymbol{p}_{y}c_{1}-\boldsymbol{p}_{x}s_{1}-d_{6}(\boldsymbol{a}_{y}c_{1}-\boldsymbol{a}_{x}s_{1})=-d_{4}=>$$
$$-(d_{6}\boldsymbol{a}_{y}-\boldsymbol{p}_{y})c_{1}+(d_{6}\boldsymbol{a}_{x}-\boldsymbol{p}_{x})s_{1}=-d_{4},$$

令

$$m_{1}=d_{6}\boldsymbol{a}_{y}-\boldsymbol{p}_{y}, \quad n_{1}=d_{6}\boldsymbol{a}_{x}-\boldsymbol{p}_{x},$$

则

$$-m_{1}c_{1}+n_{1}s_{1}=-d_{4}。$$

根据前面介绍的解方程的方法：

$\theta_{1}=a\tan2(-m_{1},-n_{1})-a\tan2(-d_{4},\pm\sqrt{m_{1}^{2}+n_{1}^{2}-d_{4}^{2}})$，其中 $m_{1}^{2}+n_{1}^{2}-d_{4}^{2}\geqslant 0$，
式中，正、负号对应于 $\theta_1$ 的两个可能解。

2) 求关节转角 $\theta_5$

以上两个矩阵中(2,2)项元素对应相等：

$$\boldsymbol{a}_{x}s_{1}-\boldsymbol{a}_{y}c_{1}=c_{5},$$

则 $\theta_{5}=\pm\arccos(\boldsymbol{a}_{x}s_{1}-\boldsymbol{a}_{y}c_{1})$，其中 $\boldsymbol{a}_{x}s_{1}-\boldsymbol{a}_{y}c_{1}\leqslant 1$。

3) 求关节转角 $\theta_6$

以上两个矩阵中(2,1)项元素对应相等：

$$c_{6}(\boldsymbol{n}_{y}c_{1}-\boldsymbol{n}_{x}s_{1})-s_{6}(\boldsymbol{o}_{y}c_{1}-\boldsymbol{o}_{x}s_{1})=s_{5}。$$

令

$$m_{6}=\boldsymbol{n}_{y}c_{1}-\boldsymbol{n}_{x}s_{1}, \quad n_{6}=\boldsymbol{o}_{y}c_{1}-\boldsymbol{o}_{x}s_{1},$$

则

$$m_{6}c_{6}-n_{6}s_{6}=s_{5},$$

$\theta_{6}=a\tan2(m_{6},n_{6})-a\tan2(s_{5},\pm\sqrt{m_{6}^{2}+n_{6}^{2}-s_{5}^{2}})$，其中 $m_{6}^{2}+n_{6}^{2}-s_{5}^{2}\geqslant 0$。

**2. 求解关节转角 $\theta_2$、$\theta_3$、$\theta_4$**

根据式(4.1)，可得：

$${}_{6}^{1}\boldsymbol{T}={}_{1}^{0}\boldsymbol{T}^{-1}(\theta_{1}){}_{6}^{0}\boldsymbol{T}={}_{2}^{1}\boldsymbol{T}(\theta_{2}){}_{3}^{2}\boldsymbol{T}(\theta_{3}){}_{4}^{3}\boldsymbol{T}(\theta_{4}){}_{5}^{4}\boldsymbol{T}(\theta_{5}){}_{6}^{5}\boldsymbol{T}(\theta_{6}) \tag{4.4}$$

$${}_{6}^{1}\boldsymbol{T}={}_{1}^{0}\boldsymbol{T}^{-1}(\theta_{1}){}_{6}^{0}\boldsymbol{T}=\begin{bmatrix} \boldsymbol{n}_{x}c_{1}+\boldsymbol{n}_{y}s_{1} & \boldsymbol{o}_{x}c_{1}+\boldsymbol{o}_{y}s_{1} & \boldsymbol{a}_{x}c_{1}+\boldsymbol{a}_{y}s_{1} & \boldsymbol{p}_{x}c_{1}+\boldsymbol{p}_{y}s_{1} \\ \boldsymbol{n}_{y}c_{1}-\boldsymbol{n}_{x}s_{1} & \boldsymbol{o}_{y}c_{1}-\boldsymbol{o}_{x}s_{1} & \boldsymbol{a}_{y}c_{1}-\boldsymbol{a}_{x}s_{1} & \boldsymbol{p}_{y}c_{1}-\boldsymbol{p}_{x}s_{1} \\ \boldsymbol{n}_{z} & \boldsymbol{o}_{z} & \boldsymbol{a}_{z} & \boldsymbol{p}_{z}-d_{1} \\ 0 & 0 & 0 & 1 \end{bmatrix}$$

$$\substack{1\\6}\boldsymbol{T} = \substack{1\\2}\boldsymbol{T}\substack{2\\3}\boldsymbol{T}\substack{3\\4}\boldsymbol{T}\substack{4\\5}\boldsymbol{T}\substack{5\\6}\boldsymbol{T} =$$

$$\begin{bmatrix} c_5 c_6 c_{234} - s_6 s_{234} & -c_6 s_{234} - c_5 s_6 c_{234} & s_5 c_{234} & a_3 c_{23} + a_2 c_2 - d_5 s_{234} + d_6 s_5 c_{234} \\ c_6 s_5 & -s_5 s_6 & -c_5 & -d_4 - d_6 c_5 \\ s_6 c_{234} + c_5 c_6 s_{234} & c_6 c_{234} - c_5 s_6 s_{234} & s_5 s_{234} & a_3 s_{23} + a_2 s_2 + d_5 c_{234} + d_6 s_5 s_{234} \\ 0 & 0 & 0 & 1 \end{bmatrix}$$

以上两个矩阵中 $(1,3)$ 项和 $(3,3)$ 项元素对应相等：

$$s_5 c_{234} = \boldsymbol{a}_x c_1 + \boldsymbol{a}_y s_1, \quad s_5 s_{234} = \boldsymbol{a}_z,$$

得

$$\theta_{234} = \theta_2 + \theta_3 + \theta_4 = \mathrm{atan2}(\boldsymbol{a}_z / s_5, (\boldsymbol{a}_x c_1 + \boldsymbol{a}_y s_1)/s_5), \text{同时 } s_5 \text{ 不为 0。}$$

1）求关节转角 $\theta_3$

以上两个矩阵中 $(1,4)$ 项和 $(3,4)$ 项元素对应相等：

$$\begin{cases} a_3 c_{23} + a_2 c_2 - d_5 s_{234} + d_6 s_5 c_{234} = \boldsymbol{p}_x c_1 + \boldsymbol{p}_y s_1, \\ a_3 s_{23} + a_2 s_2 + d_5 c_{234} + d_6 s_5 s_{234} = \boldsymbol{p}_z - d_1, \end{cases} \Rightarrow \qquad (4.5)$$

$$\begin{cases} a_3 c_{23} + a_2 c_2 = \boldsymbol{p}_x c_1 + \boldsymbol{p}_y s_1 + d_5 s_{234} - d_6 s_5 c_{234} = m_3, \\ a_3 s_{23} + a_2 s_2 = \boldsymbol{p}_z - d_1 - d_5 c_{234} - d_6 s_5 s_{234} = n_3, \end{cases}$$

式（4.5）中两式求平方和可得：

$$a_2^2 + a_3^2 + 2 a_2 a_3 (c_2 c_{23} + s_2 s_{23}) = m_3^2 + n_3^2 \Rightarrow a_2^2 + a_3^2 + 2 a_2 a_3 c_3 = m_3^2 + n_3^2,$$

所以

$$\theta_3 = \pm \arccos\left(\frac{m_3^2 + n_3^2 - a_2^2 - a_3^2}{2 a_2 a_3}\right), \text{其中 } m_3^2 + n_3^2 \leqslant (a_2 + a_3)^2 \text{。}$$

2）求关节转角 $\theta_2$

根据 $\begin{cases} a_3 c_{23} + a_2 c_2 = m_3, \\ a_3 s_{23} + a_2 s_2 = n_3, \end{cases} \Rightarrow \begin{cases} -a_3 s_3 s_2 + (a_3 c_3 + a_2) c_2 = m_3, \\ (a_3 c_3 + a_2) s_2 + a_3 s_3 c_2 = n_3, \end{cases}$

将关节角 $\theta_3$ 代入上式，得：

$$\begin{cases} s_2 = \dfrac{(a_3 c_3 + a_2) n_3 - a_3 s_3 m_3}{a_2^2 + a_3^2 + 2 a_2 a_3 c_3}, \\ c_2 = \dfrac{(a_3 c_3 + a_2) m_3 + a_3 s_3 n_3}{a_2^2 + a_3^2 + 2 a_2 a_3 c_3}, \end{cases}$$

所以 $\quad \theta_2 = \mathrm{atan2}(s_2, c_2)$。

3）求关节转角 $\theta_4$

$$\theta_4 = \theta_{234} - \theta_2 - \theta_3 = \mathrm{atan2}(\boldsymbol{a}_z, \boldsymbol{a}_x c_1 + \boldsymbol{a}_y s_1) - \theta_2 - \theta_3$$

至此，UR5 机器人的 6 个关节转角已全部求出，求解计算公式如表 4-2 所示。

表 4-2　关节转角求解计算公式

| 序号 | 求解计算公式 | 备注 |
|---|---|---|
| 1 | $\theta_1 = \mathrm{atan2}(-m_1, -n_1) - \mathrm{atan2}(-d_4, \pm\sqrt{m_1^2 + n_1^2 - d_4^2})$ | $m_1 = d_6 \boldsymbol{a}_y - \boldsymbol{p}_y$ <br> $n_1 = d_6 \boldsymbol{a}_x - \boldsymbol{p}_x$ <br> $m_1^2 + n_1^2 - d_4^2 \geqslant 0$ |

| 序号 | 求解计算公式 | 备注 |
|---|---|---|
| 2 | $\theta_2 = \mathrm{atan2}(s_2, c_2)$ | $s_2 = \dfrac{(a_3 c_3 + a_2) n_3 - a_3 s_3 m_3}{a_2^2 + a_3^2 + 2 a_2 a_3 c_3}$ <br> $c_2 = \dfrac{(a_3 c_3 + a_2) m_3 + a_3 s_3 n_3}{a_2^2 + a_3^2 + 2 a_2 a_3 c_3}$ |
| 3 | $\theta_3 = \pm \arccos\left(\dfrac{m_3^2 + n_3^2 - a_2^2 - a_3^2}{2 a_2 a_3}\right)$ | $m_3 = \boldsymbol{p}_x c_1 + \boldsymbol{p}_y s_1 + d_5 s_{234} - d_6 s_5 c_{234}$ <br> $n_3 = \boldsymbol{p}_z - d_1 - d_5 c_{234} - d_6 s_5 s_{234}$ <br> $m_3^2 + n_3^2 \leqslant (a_2 + a_3)^2$ |
| 4 | $\theta_{234} = \theta_2 + \theta_3 + \theta_4 = \mathrm{atan2}(\boldsymbol{a}_z / s_5, (\boldsymbol{a}_x c_1 + \boldsymbol{a}_y s_1)/s_5)$ | $s_5$ 不为 0 |
| 5 | $\theta_4 = \theta_{234} - \theta_2 - \theta_3 = \mathrm{atan2}(\boldsymbol{a}_z, \boldsymbol{a}_x c_1 + \boldsymbol{a}_y s_1) - \theta_2 - \theta_3$ | |
| 6 | $\theta_5 = \pm \arccos(\boldsymbol{a}_x s_1 - \boldsymbol{a}_y c_1)$ | |
| 7 | $\theta_6 = \mathrm{atan2}(m_6, n_6) - \mathrm{atan2}(s_5, \pm\sqrt{m_6^2 + n_6^2 - s_5^2})$ | $m_6 = \boldsymbol{n}_y c_1 - \boldsymbol{n}_x s_1$ <br> $n_6 = \boldsymbol{o}_y c_1 - \boldsymbol{o}_x s_1$ <br> $m_6^2 + n_6^2 - s_5^2 \geqslant 0$ |

求解的先后顺序和 8 组组合解如表 4-3 所示。

**表 4-3　关节角度组合及求解顺序**

| 组合解 | 第 1 求解 | 第 2 求解 | 第 3 求解 | 第 4 求解 | 第 5 求解 | 第 6 求解 | 第 7 求解 |
|---|---|---|---|---|---|---|---|
| | 关节 1 | 关节 5 | 关节 6 | 关节 2、3、4 | 关节 3 | 关节 2 | 关节 4 |
| 第 1 组解 | $\theta_{1-1}$ | $\theta_{5-1}$ | $\theta_{6-1}$ | $\theta_{234-1}$ | $\theta_{3-1}$ | $\theta_{2-1}$ | $\theta_{4-1}$ |
| 第 2 组解 | | | | | $\theta_{3-2}$ | $\theta_{2-2}$ | $\theta_{4-2}$ |
| 第 3 组解 | | $\theta_{5-2}$ | $\theta_{6-2}$ | $\theta_{234-2}$ | $\theta_{3-3}$ | $\theta_{2-3}$ | $\theta_{4-3}$ |
| 第 4 组解 | | | | | $\theta_{3-4}$ | $\theta_{2-4}$ | $\theta_{4-4}$ |
| 第 5 组解 | $\theta_{1-2}$ | $\theta_{5-3}$ | $\theta_{6-3}$ | $\theta_{234-3}$ | $\theta_{3-5}$ | $\theta_{2-5}$ | $\theta_{4-5}$ |
| 第 6 组解 | | | | | $\theta_{3-6}$ | $\theta_{2-6}$ | $\theta_{4-6}$ |
| 第 7 组解 | | $\theta_{5-4}$ | $\theta_{6-4}$ | $\theta_{234-4}$ | $\theta_{3-7}$ | $\theta_{2-7}$ | $\theta_{4-7}$ |
| 第 8 组解 | | | | | $\theta_{3-8}$ | $\theta_{2-8}$ | $\theta_{4-8}$ |

# 4.7　基于逆运动学求解的 MATLAB 编程

根据 UR5 机器人的逆运动学求解公式和求解顺序,在 MATLAB 中创建新的脚本文件 UR5_inverse_kinematics_solve.m 并进行编程,输入参数为末端位姿矩阵和各关节当前角度,经过计算,输出 8 组组合解,并最终确定一组最优解。

MATLAB 脚本 UR5_inverse_kinematics_solve.m 的源代码如下。

```
function theta_out = UR5_inverse_kinematics_solve(T,theta)
%% T 为目标点的位姿矩阵,theta 为各关节当前角度
nx = T(1,1);ox = T(1,2);ax = T(1,3);px = T(1,4);
ny = T(2,1);oy = T(2,2);ay = T(2,3);py = T(2,4);
nz = T(3,1);oz = T(3,2);az = T(3,3);pz = T(3,4);
%% D-H 参数设置
%D-H 参数矩阵
DH = [-pi/2      0.0892         0         0
       pi/2          0         0       pi/2
          0          0     0.425         0
      -pi/2     0.1093     0.392         0
          0    0.09475         0      -pi/2
          0     0.0825         0      pi/2];
%D-H 参数 连杆距离
d1 = DH(1,2);d2 = DH(2,2);d3 = DH(3,2);d4 = DH(4,2);d5 = DH(5,2);d6 = DH(6,2);
%D-H 参数 连杆长度
a0 = DH(1,3);a1 = DH(2,3);a2 = DH(3,3);a3 = DH(4,3);a4 = DH(5,3);a5 = DH(6,3);
%D-H 参数 连杆扭角
alpha0 = DH(1,4);alpha1 = DH(2,4);alpha2 = DH(3,4);
alpha3 = DH(4,4);alpha4 = DH(5,4);alpha5 = DH(6,4);
%% 求解 theta1
%% 最终得到 2 个解
m1  =  d6 * ay-py;
n1  =  d6 * ax-px;
% 判断是否奇异
if m1^2 + n1^2-d4^2 < 1e-6
    % fprintf('肩关节 theta1 奇异,请检查奇异条件!!! \n')
    theta1_1 = 100;
    theta1_2 = 100;
else
    theta1_1 =  atan2(-m1,-n1) - atan2(-d4, + sqrt(m1^2 + n1^2-d4^2));
    theta1_2 =  atan2(-m1,-n1) - atan2(-d4,-sqrt(m1^2 + n1^2-d4^2));
    theta1_1 = UR5_judge(theta1_1);
    theta1_2 = UR5_judge(theta1_2);
end
%% 求解 theta5,由 theta1 决定
%% 最终得到 4 个解
theta5_1 = acos(ax * sin(theta1_1)-ay * cos(theta1_1));
theta5_2 = -acos(ax * sin(theta1_1)-ay * cos(theta1_1));
```

```
theta5_3 = acos(ax * sin(theta1_2)-ay * cos(theta1_2));
theta5_4 = -acos(ax * sin(theta1_2)-ay * cos(theta1_2));
theta5_1 = UR5_judge(theta5_1);
theta5_2 = UR5_judge(theta5_2);
theta5_3 = UR5_judge(theta5_3);
theta5_4 = UR5_judge(theta5_4);
%% 求解 theta6,由 theta1、theta5 决定
%% 最终得到 4 个解
m6_1 = ny * cos(theta1_1)-nx * sin(theta1_1);
n6_1 = oy * cos(theta1_1)-ox * sin(theta1_1);
m6_2 = ny * cos(theta1_2)-nx * sin(theta1_2);
n6_2 = oy * cos(theta1_2)-ox * sin(theta1_2);
theta6_1 = atan2(m6_1,n6_1) - atan2(sin(theta5_1),0);
theta6_2 = atan2(m6_1,n6_1) - atan2(sin(theta5_2),0);
theta6_3 = atan2(m6_2,n6_2) - atan2(sin(theta5_3),0);
theta6_4 = atan2(m6_2,n6_2) - atan2(sin(theta5_4),0);
theta6_1 = UR5_judge(theta6_1);
theta6_2 = UR5_judge(theta6_2);
theta6_3 = UR5_judge(theta6_3);
theta6_4 = UR5_judge(theta6_4);
%% 求解 theta2 + 3 + 4,由 theta1、theta5 决定
%% 最终得到 4 个解
if abs(theta5_1)< 1e-6
    fprintf('腕关节 theta5_1 奇异,请检查 theta5 值是否为零!!! \n')
end
if abs(theta5_2)< 1e-6
    fprintf('腕关节 theta5_2 奇异,请检查 theta5 值是否为零!!! \n')
end
if abs(theta5_3)< 1e-6
    fprintf('腕关节 theta5_3 奇异,请检查 theta5 值是否为零!!! \n')
end
if abs(theta5_4)< 1e-6
    fprintf('腕关节 theta5_4 奇异,请检查 theta5 值是否为零!!! \n')
end
m234_1 = ax * cos(theta1_1) + ay * sin(theta1_1);
m234_2 = ax * cos(theta1_2) + ay * sin(theta1_2);
theta234_1 = atan2(az/sin(theta5_1),m234_1/sin(theta5_1));
theta234_2 = atan2(az/sin(theta5_2),m234_1/sin(theta5_2));
theta234_3 = atan2(az/sin(theta5_3),m234_2/sin(theta5_3));
```

```
theta234_4 = atan2(az/sin(theta5_4),m234_2/sin(theta5_4));
theta234_1 = UR5_judge(theta234_1);
theta234_2 = UR5_judge(theta234_2);
theta234_3 = UR5_judge(theta234_3);
theta234_4 = UR5_judge(theta234_4);
%% 求解 theta3,由 theta1、theta234、theta5 决定
%% 最终得到 8 个解
m3_1 = px * cos(theta1_1) + py * sin(theta1_1) + d5 * sin(theta234_1)-d6 * sin
(theta5_1) * cos(theta234_1);
n3_1 = pz-d1-d5 * cos(theta234_1)-d6 * sin(theta5_1) * sin(theta234_1);
m3_2 = px * cos(theta1_1) + py * sin(theta1_1) + d5 * sin(theta234_2)-d6 * sin
(theta5_2) * cos(theta234_2);
n3_2 = pz-d1-d5 * cos(theta234_2)-d6 * sin(theta5_2) * sin(theta234_2);
m3_3 = px * cos(theta1_2) + py * sin(theta1_2) + d5 * sin(theta234_3)-d6 * sin
(theta5_3) * cos(theta234_3);
n3_3 = pz-d1-d5 * cos(theta234_3)-d6 * sin(theta5_3) * sin(theta234_3);
m3_4 = px * cos(theta1_2) + py * sin(theta1_2) + d5 * sin(theta234_4)-d6 * sin
(theta5_4) * cos(theta234_4);
n3_4 = pz-d1-d5 * cos(theta234_4)-d6 * sin(theta5_4) * sin(theta234_4);
m3_1^2 + n3_1^2-a2^2-a3^2;
2 * a2 * a3;
if (((m3_1^2 + n3_1^2)<(a2-a3)^2)||((m3_1^2 + n3_1^2)>(a2 + a3)^2))
    % fprintf('肘关节 theta3_1 或 theta3_2 奇异,请检查奇异条件!!! \n')
    theta3_1 = 100;
    theta3_2 = 100;
else
    theta3_1 = acos((m3_1^2 + n3_1^2-a2^2-a3^2)/(2 * a2 * a3));
    theta3_2 = -acos((m3_1^2 + n3_1^2-a2^2-a3^2)/(2 * a2 * a3));
    theta3_1 = UR5_judge(theta3_1);
    theta3_2 = UR5_judge(theta3_2);
end
if (((m3_2^2 + n3_2^2)<(a2-a3)^2)||((m3_2^2 + n3_2^2)>(a2 + a3)^2))
    % fprintf('肘关节 theta3_3 或 theta3_4 奇异,请检查奇异条件!!! \n')
    theta3_3 = 100;
    theta3_4 = 100;
else
    theta3_3 = acos((m3_2^2 + n3_2^2-a2^2-a3^2)/(2 * a2 * a3))
    theta3_4 = -acos((m3_2^2 + n3_2^2-a2^2-a3^2)/(2 * a2 * a3));
    theta3_3 = UR5_judge(theta3_3);
```

```
    theta3_4 = UR5_judge(theta3_4);
end
if (((m3_3^2 + n3_3^2)<(a2-a3)^2)||((m3_3^2 + n3_3^2)>(a2 + a3)^2))
    % fprintf('肘关节 theta3_5 或 theta3_6 奇异,请检查奇异条件!!! \n')
    theta3_5 = 100;
    theta3_6 = 100;
else
    theta3_5 = acos((m3_3^2 + n3_3^2 − a2^2 − a3^2)/(2 * a2 * a3));
    theta3_6 = − acos((m3_3^2 + n3_3^2 − a2^2 − a3^2)/(2 * a2 * a3));
    theta3_5 = UR5_judge(theta3_5);
    theta3_6 = UR5_judge(theta3_6);
end
if (((m3_4^2 + n3_4^2)<(a2 − a3)^2)||((m3_4^2 + n3_4^2)>(a2 + a3)^2))
    % fprintf('肘关节 theta3_7 或 theta3_8 奇异,请检查奇异条件!!! \n')
    theta3_7 = 100;
    theta3_8 = 100;
else
    theta3_7 = acos((m3_4^2 + n3_4^2 − a2^2 − a3^2)/(2 * a2 * a3));
    theta3_8 = − acos((m3_4^2 + n3_4^2 − a2^2 − a3^2)/(2 * a2 * a3));
    theta3_7 = UR5_judge(theta3_7);
    theta3_8 = UR5_judge(theta3_8);
end
%% 求解 theta2,由 theta3 决定
%% 最终得到 8 个解
s2_1 = ((a3 * cos(theta3_1) + a2) * n3_1 − a3 * sin(theta3_1) * m3_1)/(a2^2 + a3^2
+ 2 * a2 * a3 * cos(theta3_1));
s2_2 = ((a3 * cos(theta3_2) + a2) * n3_1 − a3 * sin(theta3_2) * m3_1)/(a2^2 + a3^2
+ 2 * a2 * a3 * cos(theta3_2));
s2_3 = ((a3 * cos(theta3_3) + a2) * n3_2 − a3 * sin(theta3_3) * m3_2)/(a2^2 + a3^2
+ 2 * a2 * a3 * cos(theta3_3));
s2_4 = ((a3 * cos(theta3_4) + a2) * n3_2 − a3 * sin(theta3_4) * m3_2)/(a2^2 + a3^2
+ 2 * a2 * a3 * cos(theta3_4));
s2_5 = ((a3 * cos(theta3_5) + a2) * n3_3 − a3 * sin(theta3_5) * m3_3)/(a2^2 + a3^2
+ 2 * a2 * a3 * cos(theta3_5));
s2_6 = ((a3 * cos(theta3_6) + a2) * n3_3 − a3 * sin(theta3_6) * m3_3)/(a2^2 + a3^2
+ 2 * a2 * a3 * cos(theta3_6));
s2_7 = ((a3 * cos(theta3_7) + a2) * n3_4 − a3 * sin(theta3_7) * m3_4)/(a2^2 + a3^2
+ 2 * a2 * a3 * cos(theta3_7));
```

```
    s2_8 = ((a3 * cos(theta3_8) + a2) * n3_4 - a3 * sin(theta3_8) * m3_4)/(a2^2 + a3^2
+ 2 * a2 * a3 * cos(theta3_8));
    c2_1 = ((a3 * cos(theta3_1) + a2) * m3_1 + a3 * sin(theta3_1) * n3_1)/(a2^2 + a3^2
+ 2 * a2 * a3 * cos(theta3_1));
    c2_2 = ((a3 * cos(theta3_2) + a2) * m3_1 + a3 * sin(theta3_2) * n3_1)/(a2^2 + a3^2
+ 2 * a2 * a3 * cos(theta3_2));
    c2_3 = ((a3 * cos(theta3_3) + a2) * m3_2 + a3 * sin(theta3_3) * n3_2)/(a2^2 + a3^2
+ 2 * a2 * a3 * cos(theta3_3));
    c2_4 = ((a3 * cos(theta3_4) + a2) * m3_2 + a3 * sin(theta3_4) * n3_2)/(a2^2 + a3^2
+ 2 * a2 * a3 * cos(theta3_4));
    c2_5 = ((a3 * cos(theta3_5) + a2) * m3_3 + a3 * sin(theta3_5) * n3_3)/(a2^2 + a3^2
+ 2 * a2 * a3 * cos(theta3_5));
    c2_6 = ((a3 * cos(theta3_6) + a2) * m3_3 + a3 * sin(theta3_6) * n3_3)/(a2^2 + a3^2
+ 2 * a2 * a3 * cos(theta3_6));
    c2_7 = ((a3 * cos(theta3_7) + a2) * m3_4 + a3 * sin(theta3_7) * n3_4)/(a2^2 + a3^2
+ 2 * a2 * a3 * cos(theta3_7));
    c2_8 = ((a3 * cos(theta3_8) + a2) * m3_4 + a3 * sin(theta3_8) * n3_4)/(a2^2 + a3^2
+ 2 * a2 * a3 * cos(theta3_8));
    if(theta3_1 = = 100&&theta3_2 = = 100)
        theta2_1 = 100;
        theta2_2 = 100;
    else
        theta2_1 = atan2(s2_1,c2_1);
        theta2_2 = atan2(s2_2,c2_2);
        theta2_1 = UR5_judge(theta2_1);
        theta2_2 = UR5_judge(theta2_2);
    end
    if(theta3_3 = = 100&&theta3_4 = = 100)
        theta2_3 = 100;
        theta2_4 = 100;
    else
        theta2_3 = atan2(s2_3,c2_3);
        theta2_4 = atan2(s2_4,c2_4);
        theta2_3 = UR5_judge(theta2_3);
        theta2_4 = UR5_judge(theta2_4);
    end
    if(theta3_5 = = 100&&theta3_6 = = 100)
        theta2_5 = 100;
        theta2_6 = 100;
```

```
else
    theta2_5 = atan2(s2_5,c2_5);
    theta2_6 = atan2(s2_6,c2_6);
    theta2_5 = UR5_judge(theta2_5);
    theta2_6 = UR5_judge(theta2_6);
end
if(theta3_7 == 100&&theta3_8 == 100)
    theta2_7 = 100;
    theta2_8 = 100;
else
    theta2_7 = atan2(s2_7,c2_7);
    theta2_8 = atan2(s2_8,c2_8);
    theta2_7 = UR5_judge(theta2_7);
    theta2_8 = UR5_judge(theta2_8);
end
%% 求解 theta4,由 theta234、theta2、theta3 决定
%% 最终得到 8 个解
theta4_1 = theta234_1 - theta2_1 - theta3_1;
theta4_2 = theta234_1 - theta2_2 - theta3_2;
theta4_3 = theta234_2 - theta2_3 - theta3_3;
theta4_4 = theta234_2 - theta2_4 - theta3_4;
theta4_5 = theta234_3 - theta2_5 - theta3_5;
theta4_6 = theta234_3 - theta2_6 - theta3_6;
theta4_7 = theta234_4 - theta2_7 - theta3_7;
theta4_8 = theta234_4 - theta2_8 - theta3_8;
theta4_1 = UR5_judge(theta4_1);
theta4_2 = UR5_judge(theta4_2);
theta4_3 = UR5_judge(theta4_3);
theta4_4 = UR5_judge(theta4_4);
theta4_5 = UR5_judge(theta4_5);
theta4_6 = UR5_judge(theta4_6);
theta4_7 = UR5_judge(theta4_7);
theta4_8 = UR5_judge(theta4_8);
%% 最终得到 8 组组合解
theta_T = [theta1_1 theta2_1 theta3_1 theta4_1 theta5_1 theta6_1
           theta1_1 theta2_2 theta3_2 theta4_2 theta5_1 theta6_1
           theta1_1 theta2_3 theta3_3 theta4_3 theta5_2 theta6_2
           theta1_1 theta2_4 theta3_4 theta4_4 theta5_2 theta6_2
           theta1_2 theta2_5 theta3_5 theta4_5 theta5_3 theta6_3
```

```
        theta1_2 theta2_6 theta3_6 theta4_6 theta5_3 theta6_3
        theta1_2 theta2_7 theta3_7 theta4_7 theta5_4 theta6_4
        theta1_2 theta2_8 theta3_8 theta4_8 theta5_4 theta6_4]
%% 进行筛选,最终返回一个相对当前关节角度 theta 的最优解
% 当前时刻的 theta 是上一时刻调用逆解函数求得的 theta
% 初始 theta 由机械臂初始时刻的位置决定。
% 方法:把逆解结果代入正运动学求解函数得到位姿矩阵,
% 和本函数的位姿矩阵作差、比较、排除。
size_theta_T = size(theta_T);     % 矩阵的行数和列数
theta_T1 = theta_T;
m = 1;
for i = 1:size_theta_T(1)        % 8 行
    theta_T(i,:);
    if(theta_T(i,1) == 100||theta_T(i,3) == 100)
        %fprintf('第 %d 组解为奇异解 1\n',i);
    else
        T0n_kine = UR5_forward_kinematics(theta_T(i,:));
        delta_T = T0n_kine − T;
        delta_T = delta_T(1:3,:);    % 1 − 3 行所有列的元素
        if abs( delta_T ) > 1e − 6
            %fprintf('第 %d 组解为奇异解\n',i)
        else
            %fprintf('第 %d 组解为有效解\n',i)
            theta_T1(m,:) = theta_T(i,:);
            m = m + 1;
        end
    end
end
if((m − 1) == 0)
    fprintf('超出工作范围,请检查物体摆放位置!!! \n',i)
else
    theta_all = theta_T1(1:m−1,:)    % 1 至 m − 1 行所有列的元素
    size_theta_all = size(theta_all);     % 矩阵的行数和列数
    %% 从符合奇异条件的逆解中寻找一组最优解,作为逆解函数返回值
    % 关节空间当前时刻转角为 theta,根据指定的 theta,将合格的每一组解与 theta
对比,
    % 取其差值的平方和最小的一组解为最优解,保证所有关节运动距离最小。
    sum_abs_delta = zeros(size_theta_all(1),1);     % 必须放在循环外面
    for i = 1:size_theta_all(1)
```

```
            abs_delta_theta_all =  abs(theta_all(i,:) - theta);
            %求矩阵每一行的平方和,其中.*是点乘,2代表求矩阵的行之和
            sum_abs_delta_theta_all = sum(abs_delta_theta_all.*abs_delta_
theta_all,2);
            sum_abs_delta(i,1) = sum_abs_delta_theta_all;
        end
        min_sum_abs_delta = min(sum_abs_delta(:));
        %row 即为相对指定 theta 变化最小的那组逆解在 size_theta_all 中的行号
        [row,rank] = find(sum_abs_delta == min_sum_abs_delta);
        theta_out = theta_all(row,:);
    end
    end
```

在 MATLAB 命令行窗口输入如下命令,输出结果如图 4-23 所示,从图中可以看出,程序最终输出一组最优解,保证所有关节运动距离最小。

```
    >>T =[1       0       0      -0.2
          0       0      -1       0
          0       1       0       0.8
          0       0       0       1];
    >>theta=[-pi/2 pi/2 0 -pi/2 0 0];
    >>UR5_inverse_kinematics_solve(T,theta)
```

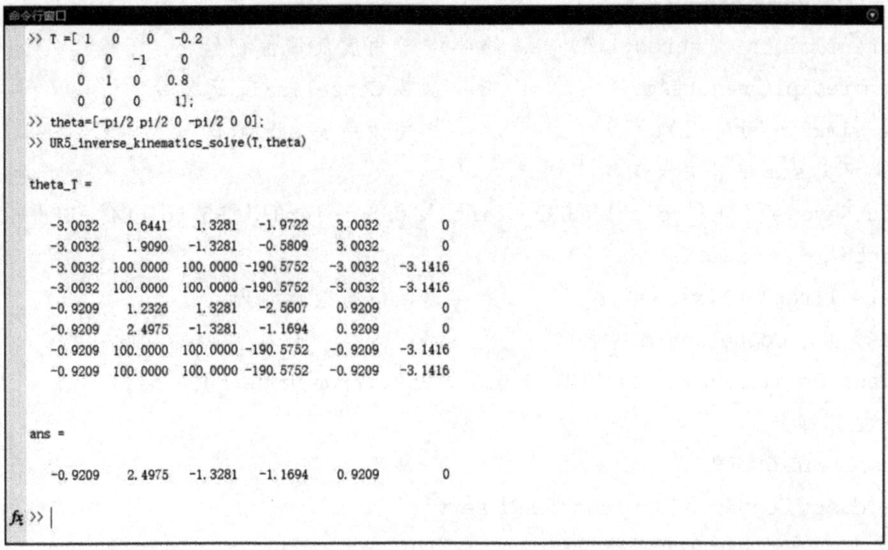

```
命令行窗口
>> T =[1   0    0   -0.2
      0   0   -1    0
      0   1    0    0.8
      0   0    0    1];
>> theta=[-pi/2 pi/2 0 -pi/2 0 0];
>> UR5_inverse_kinematics_solve(T,theta)

theta_T =

   -3.0032    0.6441    1.3281   -1.9722    3.0032         0
   -3.0032    1.9090   -1.3281   -0.5809    3.0032         0
   -3.0032  100.0000  100.0000 -190.5752   -3.0032   -3.1416
   -3.0032  100.0000  100.0000 -190.5752   -3.0032   -3.1416
   -0.9209    1.2326    1.3281   -2.5607    0.9209         0
   -0.9209    2.4975   -1.3281   -1.1694    0.9209         0
   -0.9209  100.0000  100.0000 -190.5752   -0.9209   -3.1416
   -0.9209  100.0000  100.0000 -190.5752   -0.9209   -3.1416


ans =

   -0.9209    2.4975   -1.3281   -1.1694    0.9209         0

>>
```

图 4-23　逆运动学计算结果

由于 UR5 机器人的每个关节角度变化范围为$(-\pi,\pi)$,所以在求解出关节角度后,调用 UR5_judge()函数进行判断,如果超出转角范围,则将其调整到合理角度,UR5_judge()函数的源代码如下。

```
function result = UR5_judge(theta)
if theta < - pi + 0.00001
    theta = theta + 2 * pi;
elseif theta > pi - 0.00001
    theta = theta - 2 * pi;
end
result = theta;
end
```

## 4.8　基于逆运动学求解的 UR5 机器人逆运动学仿真

本节在逆运动学求解的基础上,结合 CoppeliaSim 软件进行联合仿真。在 MATLAB 中创建新的脚本文件 UR5_inverse_kinematics_main. m 并进行编程,首先实现从 CoppeliaSim 中获取 UR5 机器人的当前各关节角度、目标点的位置和姿态;然后调用 UR5_inverse_kinematics_solve()函数进行逆运动学求解,得出最优解;最后根据各关节当前角度和最优解进行轨迹规划,使机器人末端运行到目标点,停留片刻,再返回初始位置。

MATLAB 脚本 UR5_inverse_kinematics_main. m 的源代码如下。

```
%% Matlab 与 CoppeliaSim 联合仿真
%% 初始化设置
disp('Program started');
currentJoints = zeros(1,6);        %---关节角度反馈值初始化
sim = remApi('remoteApi');         %---加载 CoppeliaSim 远程库
sim.simxFinish( - 1);              %---先关闭所有 sim 通信
%---定义 sim 中各关节句柄名称
JointNames = {'UR5_joint1','UR5_joint2','UR5_joint3','UR5_joint4','UR5_joint5','
UR5_joint6'};
res1 = 1;res2 = 1;res3 = 1;        %---返回值有效性判断
%% 建立与 CoppeliaSim 的通信
clientID = sim.simxStart('127.0.0.1',19999,true,true,5000,5);
%% 主体部分
if (clientID > - 1)
    disp('Connected to remote API server');
    %---启动 sim 的场景仿真
    res1 = sim.simxStartSimulation(clientID, sim.simx_opmode_oneshot_wait);
    %---读取各个关节句柄值
    for i = 1:6
    [res1, sixJoints(i)] = sim.simxGetObjectHandle(clientID, ...
```

```
                              JointNames{i}, sim.simx_opmode_oneshot_wait);
        end
    %---获得 sim 中相应名称的对象句柄值,'target'为抓取目标对象
    [res1,handle_target_0] = sim.simxGetObjectHandle(clientID,'Target',sim.
simx_opmode_blocking);
    [res1,handle_base_o] = sim.simxGetObjectHandle(clientID,'Base',sim.simx
_opmode_blocking);
    if(sim.simxGetConnectionId(clientID) ~ = - 1) %判断连接是否正常
        while (res2 == 1||res3 == 1)
    [res2,T_targetPosition] = sim.simxGetObjectPosition(clientID,handle_target_
0,handle_base_o,sim.simx_opmode_streaming);
    [res3,T_targetOrientation] = sim.simxGetObjectOrientation(clientID,handle_
target_0,handle_base_o,sim.simx_opmode_streaming);
        end
        T_targetPosition;
        T_targetOrientation;
        T_targetOrientation = double(T_targetOrientation); %---转换为双精度
浮点数
        %---转换为 T 矩阵中的位置向量
        target2baseposition = transl(T_targetPosition);
        %---转换为 T 矩阵中的姿态向量,获得的原始姿态是用 RPY 表示的
target2baseOrientation = trotx ( T _ targetOrientation ( 1 )) * troty ( T _
targetOrientation(2)) * trotz(T_targetOrientation(3));
        %---只有位置的矩阵和只有姿态的矩阵拼起来,得到目标点相对基坐标系的
位姿,
        target2basePos = target2baseposition * target2baseOrientation
    %---读取 CoppeliaSim 中 UR5 机器人 6 个关节当前的角度值
    for i = 1:6
            [returnCode, currentJoints ( i )] = sim. simxGetJointPosition
(clientID, sixJoints(i),...
                sim.simx_opmode_oneshot_wait);
        end
        currentJoints;
        %---利用逆运动学函数优化求解 6 个关节角度值
        nextJoints = UR5 _ inverse _ kinematics _ solve ( target2basePos,
currentJoints)
        %% ---运动到目标位姿,一步快速到位
    %        for i = 1:6
    %            res = sim.simxSetJointTargetPosition(clientID, sixJoints(i),
```

```
nextJoints(i),sim.simx_opmode_oneshot);
    %         end
            %% ---运动到目标位姿,多步逐渐到位
        A1 = currentJoints;
        A2 = nextJoints;
        timestep = .05;
        time = 20;
        N_step = time/timestep;
        [joint1,joint1d,joint1dd] = tpoly(A1(1),A2(1),N_step);
        [joint2,joint2d,joint2dd] = tpoly(A1(2),A2(2),N_step);
        [joint3,joint3d,joint3dd] = tpoly(A1(3),A2(3),N_step);
        [joint4,joint4d,joint4dd] = tpoly(A1(4),A2(4),N_step);
        [joint5,joint5d,joint5dd] = tpoly(A1(5),A2(5),N_step);
        [joint6,joint6d,joint6dd] = tpoly(A1(6),A2(6),N_step);
        [joint12,joint12d,joint12dd] = tpoly(A2(1),A1(1),N_step);
        [joint22,joint22d,joint22dd] = tpoly(A2(2),A1(2),N_step);
        [joint32,joint32d,joint32dd] = tpoly(A2(3),A1(3),N_step);
        [joint42,joint42d,joint42dd] = tpoly(A2(4),A1(4),N_step);
        [joint52,joint52d,joint52dd] = tpoly(A2(5),A1(5),N_step);
        [joint62,joint62d,joint62dd] = tpoly(A2(6),A1(6),N_step);
        for i = 1:N_step
            sim.simxPauseCommunication(clientID,0);   % 开始通信
    res = sim.simxSetJointTargetPosition(clientID,sixJoints(1),joint1(i), sim.
simx_opmode_oneshot);
    res = sim.simxSetJointTargetPosition(clientID,sixJoints(2),joint2(i),sim.
simx_opmode_oneshot);
    res = sim.simxSetJointTargetPosition(clientID,sixJoints(3), joint3(i),sim.
simx_opmode_oneshot);
    res = sim.simxSetJointTargetPosition(clientID,sixJoints(4),joint4(i),sim.
simx_opmode_oneshot);
    res = sim.simxSetJointTargetPosition(clientID,sixJoints(5),joint5(i),sim.
simx_opmode_oneshot);
    res = sim.simxSetJointTargetPosition(clientID,sixJoints(6),joint6(i),sim.
simx_opmode_oneshot);
            sim.simxPauseCommunication(clientID,1);   % 终止通信
            pause(0.02)
        end
        sim.simxPauseCommunication(clientID,0);
        pause(2);
```

```
        for i = 1:N_step
            sim.simxPauseCommunication(clientID,0);
    res = sim.simxSetJointTargetPosition(clientID,sixJoints(1),joint12(i),sim.
simx_opmode_oneshot);
    res = sim.simxSetJointTargetPosition(clientID,sixJoints(2),joint22(i),sim.
simx_opmode_oneshot);
    res = sim.simxSetJointTargetPosition(clientID,sixJoints(3),joint32(i),sim.
simx_opmode_oneshot);
    res = sim.simxSetJointTargetPosition(clientID,sixJoints(4),joint42(i),sim.
simx_opmode_oneshot);
    res = sim.simxSetJointTargetPosition(clientID,sixJoints(5),joint52(i),sim.
simx_opmode_oneshot);
    res = sim.simxSetJointTargetPosition(clientID,sixJoints(6),joint62(i),sim.
simx_opmode_oneshot);
            sim.simxPauseCommunication(clientID,1);
            pause(0.02)
        end
        sim.simxPauseCommunication(clientID,0);
    end
    pause(2);
    sim.simxStopSimulation(clientID,sim.simx_opmode_oneshot);
end
```

为实现 MATLAB 和 CoppeliaSim 的正常通信,需要进行如下操作。

(1) 打开 C:\Program Files\CoppeliaRobotics\CoppeliaSimEdu\programming\remoteApiBindings\matlab\matlab 文件夹,复制所有文件,并粘贴至 UR5_inverse_kinematics_main.m 所在的文件夹中。

(2) 打开 C:\Program Files\CoppeliaRobotics\CoppeliaSimEdu\programming\
remoteApiBindings\lib\lib\Windows 文件夹,复制 remoteApi.dll 文件,并粘贴至 UR5_inverse_kinematics_main.m 所在的文件夹中。

(3) 将脚本 UR5_forward_kinematics.m、UR5_inverse_kinematics_solve.m、UR5_judge.m 复制至 UR5_inverse_kinematics_main.m 所在的文件夹中。

(4) 启动 CoppeliaSim 软件,打开 4.2 节中保存的 UR5_05_02.ttt,将其另存为 UR5_05_08.ttt。

(5) 在菜单栏中依次选择"Add"→"Dummy","Dummy"在 CoppeliaSim 中是最简单的模型。可以看到场景层次结构中增加了 Dummy 对象,将其重命名为 Base。在场景层次结构中选中 Base,然后单击水平工具栏中的"模型平移"图标按钮 ⊹,弹出"Object/Item Translation/Position"对话框,选中对话框中间的"Position"选项卡,如图 4-24 所示,将 Base 的原点放置到世界坐标系的原点位置,和 UR5 机器人基坐标系的原点、坐标轴方向重合,最后关闭对话框。

（6）在菜单栏中依次选择"Add"→"Dummy"，在场景层次结构中将其重命名为 Target。在场景层次结构中选中 Target，然后单击水平工具栏中的"模型平移"图标按钮 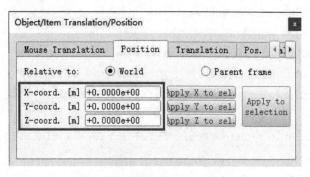，弹出"Object/Item Translation/Position"对话框，选中对话框中间的"Position"选项卡，按如图 4-25 所示进行设置，最后关闭对话框。

图 4-24　Base 的"Position"设置

图 4-25　Target 的"Position"设置

在场景层次结构中选中 Target，然后单击水平工具栏中的"模型旋转"图标按钮 ，弹出"Object/Item Rotation/Orientation"对话框，选中对话框右侧的"Rotation"选项卡，按如图 4-26 所示进行设置，单击"Rotate selection"按钮，使 Target 绕其自身坐标系的 X 轴旋转 90°，最后关闭对话框。

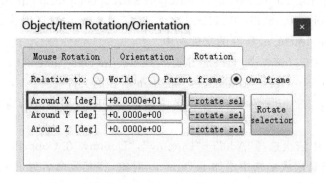

图 4-26　Target 的"Rotation"设置

设置完成后的场景 UR5_05_08 如图 4-27 所示。

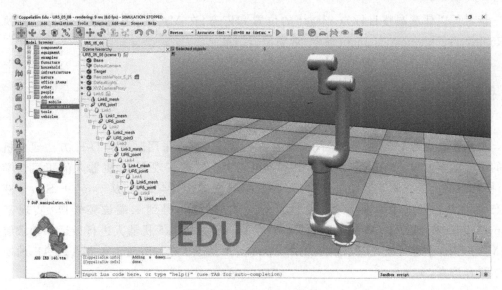

图 4-27　UR5_05_08 场景

（7）在场景层次结构中，单击 Link0 右侧的图标 📄，打开脚本文件，在最顶端添加如下语句：

```
simRemoteApi.start(19999)
```

（8）配置完成后，在 MATLAB 命令行窗口输入如下命令：

```
>> UR5_inverse_kinematics_main
```

　　MATLAB 在获取目标点 target 的位姿后，显示在命令行窗口，接着进行逆运动学计算，求出的最优解在命令行窗口显示，同时进行轨迹规划，并把每一时刻的关节角度数值发送到 CoppeliaSim 软件中开始 UR5 机器人的运动仿真。如图 4-28 所示，机器人的末端运动到目标点 target 的位姿，停留 2 秒，然后再返回初始位置。

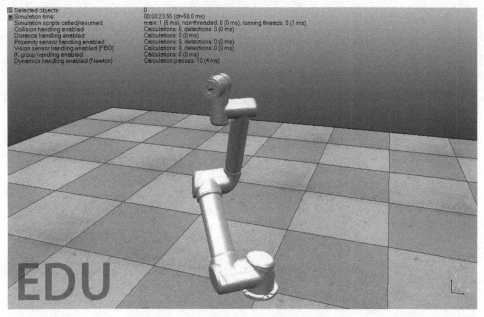

图 4-28　逆运动学联合仿真结果

读者可以任意调整目标点 target 的位置和姿态,在 MATLAB 命令行窗口重复执行 UR5_inverse_kinematics_main 命令,观察运行结果。

## 4.9　本 章 小 结

本章主要进行 UR5 机器人的正、逆运动学仿真。首先采用改进的 D-H 方法建立机器人的正运动学方程,并在 MATLAB 中基于机器人工具箱实现 UR5 机器人的正运动学仿真;接着根据已建立的正运动学方程在 MATLAB 中进行脚本编程,从 CoppeliaSim 中获取 UR5 机器人的各关节具体位置,进行正运动学的计算,得到末端位姿矩阵,实现基于 CoppeliaSim 和 MATLAB 的正运动学联合仿真;最后对 UR5 机器人进行逆运动学求解并在 MATLAB 中进行编程以求解最优解,最终实现基于 CoppeliaSim 和 MATLAB 的逆运动学联合仿真。

# 第5章 轮式移动机器人底盘运动学分析

## 5.1 四轮差动底盘运动学分析

本节将对一个比较常见的底盘构型,即四轮差动底盘(如图 5-1 所示)进行运动学分析。

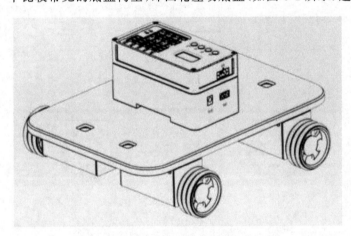

图 5-1 四轮差动底盘

从图 5-1 可以看出,四轮差动底盘由四个独立的橡胶轮驱动,单元呈长方形排布在底盘四周,每个轮系单元产生的速度方向和车体朝向平行。这样的底盘能够实现直行和旋转两种运动模式,所有的运动状态都可以看成这两种运动模式的复合状态。下面将介绍这两种运动模式的运动学逆解,从预期进行的运动状态去推算每个电机应该输出的转速。

分析过程中,以机器人的正前方为 $x$ 轴正方向,机器人的左侧方向为 $y$ 轴,机器人的正上方为 $z$ 轴,如图 5-2 所示,旋转方向遵循右手定则。

为了便于描述轮子在地面接触点产生的速度,如图 5-3 所示,本节中的所有速度分析图都是从下方面向车体底部的视角来分析的。

### 5.1.1 直线运动

四轮差动底盘的直线运动模式又分为前进和回退,这两种模式只是速度方向不同,本质是一样的,这里仅以前进模式为例进行分析。四轮差动底盘前进时的运动模型如图 5-4 所示。

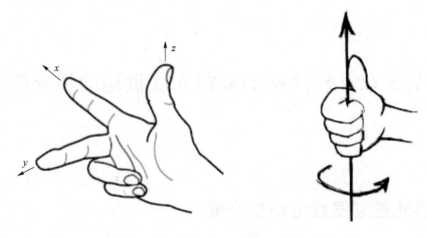

图 5-2　右手定则

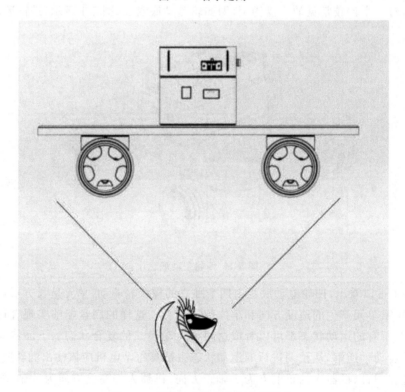

图 5-3　四轮差动底盘速度分析视角

图 5-4 中的变量定义见表 5-1。从图中可以看出在直行状态下,车体的速度就是 $v_x$。

表 5-1　图 5-4 中的变量定义

| 变量 | 描述 |
| --- | --- |
| $v_x$ | 四个轮子在地面接触点产生的线速度,其箭头方向为轮子产生的速度方向。当箭头朝前时,表示轮子产生的速度让车体向前移动;当箭头朝后时,表示轮子产生的速度让车体向后移动 |
| $\omega_n$ | 从轮子旋转轴向的外侧面向轮子时所看到的轮子转速,下标数字表示轮子的编号。箭头方向为该视角下看到的轮子旋转方向 |

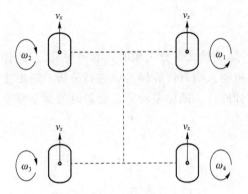

图 5-4　四轮差动底盘前进时的运动模型

下面继续分析单个轮子。四轮差动底盘单个轮子的运动分析如图 5-5 所示。

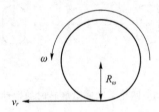

图 5-5　四轮差动底盘单个轮子的运动分析

图 5-5 中的变量定义见表 5-2。

表 5-2　图 5-5 中的变量定义

| 变量 | 描述 |
| --- | --- |
| $v_r$ | 轮子在地面接触点产生的速度,其箭头方向为轮子产生的速度的方向 |
| $\omega$ | 从轮子旋转轴向的外侧面向轮子时所看到的轮子转速,箭头方向为该视角下看到的轮子旋转方向 |
| $R_w$ | 轮子的外圆半径 |

从图 5-5 中可以得出关系式:

$$v_r = \omega \times R_\omega$$

而根据变量定义,可以得知:

$$v_r = v_x$$

联立以上两个关系式,可以推出:

$$v_x = \omega \times R_\omega \qquad \Rightarrow \omega = v_x / R_\omega$$

考虑轮子的旋转方向,可以推出四个轮子的转速关系:

$$
\begin{cases}
\omega_1 = v_x / R_\omega \\
\omega_2 = -v_x / R_\omega \\
\omega_3 = -v_x / R_\omega \\
\omega_4 = v_x / R_\omega
\end{cases}
$$

### 5.1.2　旋 转 运 动

四轮差动底盘的旋转运动模式又分为顺时针和逆时针,这两种模式只是速度方向不同,本质是一样的,这里仅以机器人顺时针旋转为例进行分析。需要注意的是,机器人顺时针旋转,从底盘上方看是逆时针旋转。四轮差动底盘旋转时的运动模型如图 5-6 所示。

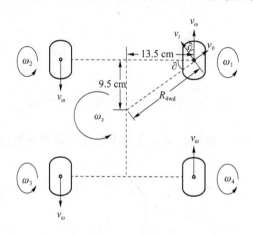

图 5-6　四轮差动底盘旋转时的运动模型

图 5-6 中的变量定义见表 5-3。

表 5-3　图 5-6 中的变量定义

| 变量 | 描述 |
|---|---|
| $v_\omega$ | 四个轮子在地面接触点产生的线速度,其箭头方向为轮子产生的速度方向 |
| $\omega_n$ | 从轮子旋转轴向的外侧面向轮子时所看到的轮子转速,下标数字表示轮子的编号。箭头方向为该视角下看到的轮子旋转方向 |
| $v_t$ | 轮子边缘线速度 $v_\omega$ 在机器人中心连线垂直方向上的分速度,这个速度是让车体能够旋转的有效部分 |
| $v_b$ | 轮子边缘线速度 $v_\omega$ 在机器人中心连线方向上的分速度,这个速度会被对角轮子同样的速度分量抵消,是无效部分,在分析旋转状态时可以忽略 |
| $R_{4wd}$ | 机器人旋转的车身半径 |
| $\omega_z$ | 机器人自身旋转的角速度 |

先计算 $R_{4wd}$:

$$R_{4wd} = \sqrt{(13.5)^2 + (9.5)^2} \approx 16.5 \text{ cm}$$

由图 5-6 中 $v_\omega$ 和 $v_t$ 的夹角关系,可以得出关系式:

$$v_t = v_\omega \times \cos \partial \quad \Rightarrow v_\omega = v_t / \cos \partial$$

从单个轮子的运动分析图(图 5-5)中可以得出关系式:

$$v_r = \omega \times R_\omega$$

而根据变量定义,可以得知:

$$v_r = v_\omega$$

联立以上两个关系式,可以推出:

$$\omega \times R_\omega = v_t / \cos \partial \quad \Rightarrow \omega = v_t / (R_\omega \cos \partial)$$

因为 $v_t$ 是机器人旋转的有效速度,所以它和机器人旋转的角速度 $\omega_z$ 存在如下关系:

$$\omega_z \times R_{4\mathrm{wd}} = v_t$$

代入之前的 $\omega$ 关系式,得到:

$$\omega = \omega_z \times R_{4\mathrm{wd}} / (R_\omega \cos \partial)$$

在本例中:

$$1/\cos \partial = R_{4\mathrm{wd}} / 13.5 = 16.5 / 13.5 = 1.222\,2$$

所以 $\omega$ 关系式可写成:

$$\omega = (\omega_z \times R_{4\mathrm{wd}} / R_\omega) \times 1.222\,2$$

考虑轮子的旋转方向,可以推出四个轮子的转速关系:

$$\begin{cases} \omega_1 = (\omega_z \times R_{4\mathrm{wd}} / R_\omega) \times 1.222\,2 \\ \omega_2 = (\omega_z \times R_{4\mathrm{wd}} / R_\omega) \times 1.222\,2 \\ \omega_3 = (\omega_z \times R_{4\mathrm{wd}} / R_\omega) \times 1.222\,2 \\ \omega_4 = (\omega_z \times R_{4\mathrm{wd}} / R_\omega) \times 1.222\,2 \end{cases}$$

### 5.1.3　复合运动

前面提到过,四轮差动底盘所有的运动状态都可以看成直行和旋转两种运动模式的复合状态,所以最后四个轮子的转速的关系式即为直行和旋转两种速度之和:

$$\begin{cases} \omega_1 = v_x / R_\omega + (\omega_z \times R_{4\mathrm{wd}} / R_\omega) \times 1.222\,2 \\ \omega_2 = -v_x / R_\omega + (\omega_z \times R_{4\mathrm{wd}} / R_\omega) \times 1.222\,2 \\ \omega_3 = -v_x / R_\omega + (\omega_z \times R_{4\mathrm{wd}} / R_\omega) \times 1.222\,2 \\ \omega_4 = v_x / R_\omega + (\omega_z \times R_{4\mathrm{wd}} / R_\omega) \times 1.222\,2 \end{cases}$$

上式中的变量定义见表 5-4。

表 5-4　四轮差动底盘复合运动速度公式中的变量定义

| 变量 | 描述 |
| --- | --- |
| $\omega_n$ | 从轮子旋转轴向的外侧面向轮子时所看到的轮子转速,下标数字表示轮子的编号。轮子逆时针旋转时为正,轮子顺时针旋转时为负 |
| $v_x$ | 四个轮子在地面接触点产生的线速度,也就是车体直行的速度值。车体往前行进时该值为正,车体向后行进时该值为负 |
| $R_w$ | 轮子的外圆半径,为已知定值 |
| $\omega_z$ | 机器人自身旋转的角速度 |
| $R_{4\mathrm{wd}}$ | 机器人旋转的车身半径,为已知定值 |

表 5-4 中只有 $v_x$ 和 $\omega_z$ 是未知数,其他都是已知数,实现了根据指定的 $v_x$ 和 $\omega_z$ 来解算四个轮子的转速。

## 5.2　三轮全向底盘运动学分析

本节将对另一个常见的底盘构型,即三轮全向底盘(如图 5-7 所示)进行运动学分析。

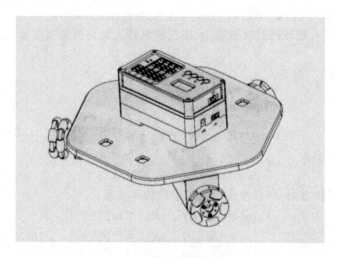

图 5-7　三轮全向底盘

从图 5-7 中可以看出，三轮全向底盘中三个独立的全向轮驱动单元呈等边三角形排布在底盘上，每个轮系单元产生的速度方向互呈 60°。这样的底盘能够实现 360°全方向移动和旋转，其中全方向移动可以分解成平面二维方向上的速度矢量，所有的运动状态都可以看成这几种运动模式的复合状态。下面将介绍这几种模式的运动学逆解，从预期进行的运动状态去推算每个电机应该输出的转速。

分析过程中，以机器人的正前方为 $x$ 轴正方向，机器人的左侧方向为 $y$ 轴，机器人的正上方为 $z$ 轴，如图 5-2 所示，旋转方向遵循右手定则。

为了便于描述轮子在地面接触点产生的速度，如图 5-8 所示，本节中的所有速度分析图都是从下方面向车体底部的视角来分析的。

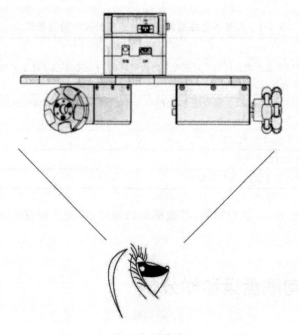

图 5-8　三轮全向底盘速度分析视角

## 5.2.1　沿水平 $x$ 轴方向移动

　　三轮全向底盘在水平 $x$ 轴方向上的移动模式又分为前进和回退,这两种模式只是速度方向不同,本质是一样的,这里仅以前进模式为例进行分析。三轮全向底盘沿水平 $x$ 轴方向前进时的运动模型如图 5-9 所示。

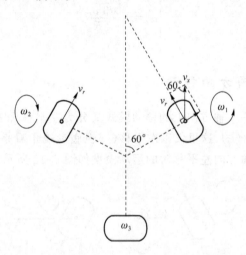

图 5-9　三轮全向底盘沿水平 $x$ 轴方向前进时的运动模型

　　图 5-9 中的变量定义见表 5-9。

**表 5-5　图 5-9 中的变量定义**

| 变量 | 描述 |
|------|------|
| $v_x$ | 三个轮子复合作用在单个轮子形成的最终速度,其箭头方向为所形成的速度方向。当箭头朝前时,表示此处产生的速度让车体向前移动;当箭头朝后时,表示此处产生的速度让车体向后移动 |
| $v_r$ | 轮子在地面接触点产生的速度,其箭头方向为轮子产生的速度方向 |
| $\omega_n$ | 从轮子旋转轴向的外侧面向轮子时所看到的轮子转速,下标数字表示轮子的编号。箭头方向为该视角下看到的轮子旋转方向 |

　　由图 5-9 中可以得出关系式:

$$v_r = v_x \times \sin 60° = \frac{\sqrt{3}}{2} v_x$$

　　三轮全向底盘单个轮子的运动分析可参考图 5-5,图中的变量定义见表 5-2。

　　从图 5-5 中可以得出关系式:

$$v_r = \omega \times R_\omega$$

而根据变量定义,可以得知:

$$v_r = \frac{\sqrt{3}}{2} v_x$$

联立以上两个关系式,可以推出:

$$\omega = \frac{\sqrt{3}}{2} \frac{v_x}{R_\omega}$$

从前进运动的模型分析图(图 5-9)可以看出,2 号轮和 1 号轮的运动状态是对称的,两者的旋转速度方向相反,3 号轮则处于不转的状态,靠主轮上的小轮毂提供被动速度。由此可以推出三个轮子的转速关系:

$$\begin{cases} \omega_1 = \dfrac{\sqrt{3}}{2} \dfrac{v_x}{R_\omega} \\[2mm] \omega_2 = -\dfrac{\sqrt{3}}{2} \dfrac{v_x}{R_\omega} \\[2mm] \omega_3 = 0 \end{cases}$$

### 5.2.2 沿水平 y 轴方向移动

三轮全向底盘在水平 y 轴方向上的移动模式又分为左平移和右平移,这两种模式只是速度方向不同,本质是一样的,这里仅以左平移(仰视底盘视角看是右平移)为例进行分析。三轮全向底盘沿水平 y 轴方向左平移时的运动模型如图 5-10 所示。

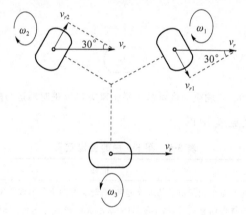

图 5-10　三轮全向底盘沿水平 y 轴方向左平移时的运动模型

图 5-10 中的变量定义见表 5-6。

表 5-6　图 5-10 中的变量定义

| 变量 | 描述 |
| --- | --- |
| $v_y$ | 三个轮子复合作用在单个轮子形成的最终速度,其箭头方向为所形成的速度方向。当箭头向左时,因为是车底视角,表示此处产生的速度让车体向右移动;当箭头朝右时,因为是车底视角,表示此处产生的速度让车体向左移动 |
| $v_{rn}$ | $n$ 号轮子在地面接触点产生的速度,其箭头方向为轮子产生的速度方向 |
| $\omega_n$ | 从轮子旋转轴向的外侧面向轮子时所看到的轮子转速,下标数字表示轮子的编号。箭头方向为该视角下看到的轮子旋转方向 |

由图 5-10 中可以得出关系式:

$$\begin{cases} v_{r1} = v_y \times \sin 30° = \dfrac{1}{2} v_y \\[2mm] v_{r2} = v_y \times \sin 30° = \dfrac{1}{2} v_y \\[2mm] v_{r3} = v_y \end{cases}$$

由单个轮子的关系式：

$$v_r = \omega \times R_\omega$$

考虑轮子的转动方向，可以推出三个轮子的转速关系：

$$\begin{cases} \omega_1 = -\dfrac{1}{2}\dfrac{v_y}{R_\omega} \\[3mm] \omega_2 = -\dfrac{1}{2}\dfrac{v_y}{R_\omega} \\[3mm] \omega_3 = \dfrac{v_y}{R_\omega} \end{cases}$$

### 5.2.3　旋转运动

三轮全向底盘的旋转模式又分为顺时针和逆时针，这两种模式只是速度方向不同，本质是一样的，这里仅以机器人逆时针旋转为例进行分析。需要注意的是，机器人逆时针旋转，从底盘下方看上去是顺时针旋转。三轮全向底盘旋转时的运动模型如图 5-11 所示。

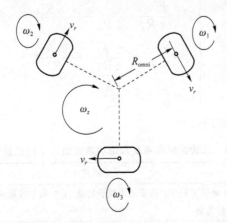

图 5-11　三轮全向底盘旋转时的运动模型

图 5-11 中的变量定义见表 5-7。

表 5-7　图 5-11 中的变量定义

| 变量 | 描述 |
| --- | --- |
| $v_r$ | 三个轮子与地面接触点产生的线速度，其箭头方向为轮子产生的速度方向 |
| $\omega_n$ | 从轮子旋转轴向的外侧面向轮子时所看到的轮子转速，下标数字表示轮子的编号。箭头方向为该视角下看到的轮子旋转方向 |
| $R_{\text{omni}}$ | 机器人旋转的车身半径，为定值 |
| $\omega_z$ | 机器人自身旋转的角速度 |

由图 5-11 中可知 $v_r$ 和机器人旋转的角速度 $\omega_z$ 之间存在如下关系：

$$v_r = \omega_z \times R_{\text{omni}}$$

由单个轮子的关系式：

$$v_r = \omega \times R_\omega$$

联立以上两个关系式,得到:

$$\omega = \frac{\omega_z \times R_{\mathrm{omni}}}{R_\omega}$$

考虑轮子的转动方向,可以推出三个轮子的转速关系:

$$
\begin{cases}
\omega_1 = -\dfrac{\omega_z \times R_{\mathrm{omni}}}{R_\omega} \\[2ex]
\omega_2 = -\dfrac{\omega_z \times R_{\mathrm{omni}}}{R_\omega} \\[2ex]
\omega_3 = -\dfrac{\omega_z \times R_{\mathrm{omni}}}{R_\omega}
\end{cases}
$$

### 5.2.4 复合运动

前面提到过,三轮全向底盘所有的运动状态都可以看成上述三种运动模式的复合状态,所以最后三个轮子转速的关系式为上述运动模式的速度和。

$$
\begin{cases}
\omega_1 = \dfrac{\sqrt{3}}{2}\dfrac{v_x}{R_\omega} - \dfrac{1}{2}\dfrac{v_y}{R_\omega} - \dfrac{\omega_z \times R_{\mathrm{omni}}}{R_\omega} \\[2ex]
\omega_2 = \dfrac{\sqrt{3}}{2}\dfrac{v_x}{R_\omega} - \dfrac{1}{2}\dfrac{v_y}{R_\omega} - \dfrac{\omega_z \times R_{\mathrm{omni}}}{R_\omega} \\[2ex]
\omega_3 = \dfrac{v_y}{R_\omega} - \dfrac{\omega_z \times R_{\mathrm{omni}}}{R_\omega}
\end{cases}
$$

上式中的变量定义见表 5-8。

表 5-8　三轮全向底盘复合运动速度公式中的变量定义

| 变量 | 描述 |
| --- | --- |
| $\omega_n$ | 从轮子旋转轴向的外侧面向轮子时所看到的轮子转速,下标数字表示轮子的编号。轮子逆时针旋转时为正,轮子顺时针旋转时为负 |
| $v_x$ | 车体沿 $x$ 轴方向前后移动的速度值。车体往前行进时该值为正,车体向后行进时该值为负 |
| $v_y$ | 车体沿 $y$ 轴方向左右移动的速度值。车体往左侧平移时该值为正,车体向右侧平移时该值为负 |
| $R_\omega$ | 轮子的外圆半径,为定值 |
| $\omega_z$ | 机器人自身旋转的角速度 |
| $R_{\mathrm{omni}}$ | 机器人旋转的车身半径,为定值 |

表 5-8 中只有 $v_x$、$v_y$ 和 $\omega_z$ 是未知数,其他都是已知数,实现了根据指定的 $v_x$、$v_y$ 和 $\omega_z$ 来解算三个轮子的转速。

## 5.3 麦克纳姆轮全向底盘运动学分析

本节将对又一种常见的底盘构型,即麦克纳姆轮全向底盘(如图 5-12 所示)进行运动学分析。

从图 5-12 中可以看出,麦克纳姆轮全向底盘的四个独立的麦克纳姆轮驱动单元呈四边

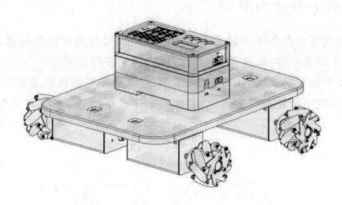

图 5-12　麦克纳姆轮全向底盘

形排布在底盘上,每个麦克纳姆轮的轮面上排布了一系列的小轮毂,小轮毂的轮轴与主轮轴呈 45°角。通过这四个麦克纳姆轮的协作配合能够实现 360°全方向移动和旋转,其中全方向移动又可以分解成平面二维方向上的速度矢量,所有的运动状态都可以看成这几种运动模式的复合状态。下面将介绍这几种模式的运动学逆解,从预期进行的运动状态去推算每个电机应该输出的转速。

分析过程中,以机器人的正前方为 $x$ 轴正方向,机器人的左侧方向为 $y$ 轴,机器人的正上方为 $z$ 轴,如图 5-2 所示,旋转方向遵循右手定则。

为了便于描述轮子在地面接触点产生的速度,如图 5-13 所示,本节中的所有速度分析图都是从下方面向车体底部的视角来分析的。

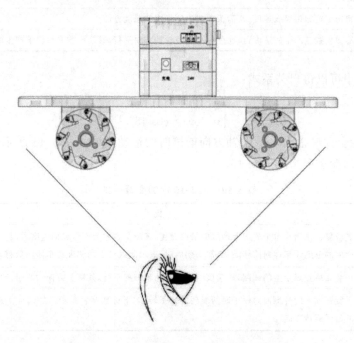

图 5-13　麦克纳姆轮全向底盘速度分析视角

### 5.3.1 沿水平 $x$ 轴方向移动

麦克纳姆轮全向底盘在水平 $x$ 轴方向上的移动模式又分为前进和回退，这两种模式只是速度方向不同，本质是一样的，这里仅以前进模式为例进行分析。

我们先分析单个轮子的运动，如图 5-14 所示，左图是麦克纳姆轮侧视图，主要体现主轮速度关系；右图为麦克纳姆轮的俯视图，主要体现小轮毂对地产生速度与主轮速度的关系。

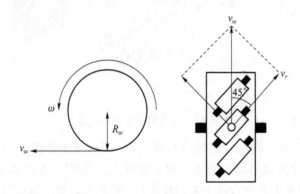

图 5-14　麦克纳姆轮全向底盘单个轮子的运动分析

图 5-14 中的变量定义见表 5-9。

表 5-9　图 5-14 中的变量定义

| 变量 | 描述 |
|---|---|
| $\omega$ | 单个轮子的旋转角速度，箭头方向为旋转方向 |
| $R_\omega$ | 麦克纳姆轮主轮半径，为定值 |
| $v_\omega$ | 麦克纳姆轮主轮的边缘线速度，其箭头方向为所形成的速度方向 |
| $v_r$ | 轮子在地面接触点产生的速度，该速度与小轮毂轮轴方向平行，其箭头方向为轮子产生的速度方向 |

从图 5-14 中可以得出关系式：

$$\begin{cases} v_\omega = \omega \times R_\omega \\ v_r = v_\omega \times \cos 45° \end{cases}$$

麦克纳姆轮全向底盘沿水平 $x$ 轴方向前进时的运动模型如图 5-15 所示。

图 5-15 中的变量定义见表 5-10。

表 5-10　图 5-15 中的变量定义

| 变量 | 描述 |
|---|---|
| $v_x$ | 整个底盘复合作用在单个轮子上形成的最终速度，其箭头方向为所形成的速度方向。当箭头朝前时，表示此处产生的速度让车体向前移动；当箭头朝后时，表示此处产生的速度让车体向后移动 |
| $v_r$ | 轮子在地面接触点产生的速度，该速度与小轮毂轮轴方向平行，其箭头方向为轮子产生的速度方向 |
| $\omega_n$ | 从轮子旋转轴向的外侧面向轮子时所看到的轮子转速，下标数字表示轮子的编号。箭头方向为该视角下看到的轮子旋转方向 |

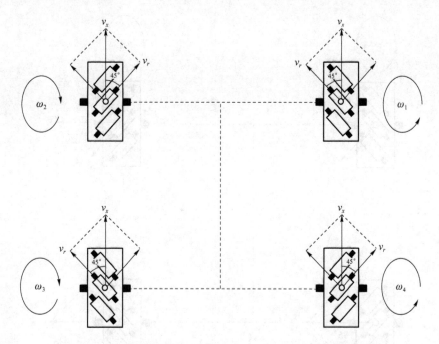

图 5-15　麦克纳姆轮全向底盘沿水平 $x$ 轴方向前进时的运动模型

从图 5-15 中可以得出关系式：

$$v_r = v_x \times \cos 45°$$

联立前面单个轮子的关系式：

$$\begin{cases} v_\omega = \omega \times R_\omega \\ v_r = v_\omega \times \cos 45° \\ v_r = v_x \times \cos 45° \end{cases}$$

可以推出关系：

$$v_x = v_\omega = \omega \times R_\omega \quad \Rightarrow \omega = v_x / R_\omega$$

根据前进时运动模型分析图中的速度方向，可以得出四个轮子的转速关系：

$$\begin{cases} \omega_1 = v_x / R_\omega \\ \omega_2 = -v_x / R_\omega \\ \omega_3 = -v_x / R_\omega \\ \omega_4 = v_x / R_\omega \end{cases}$$

## 5.3.2　沿水平 $y$ 轴方向移动

麦克纳姆轮全向底盘在水平 $y$ 轴方向上的移动模式又分为左平移和右平移，这两种模式只是速度方向不同，本质是一样的，这里仅以左平移（仰视底盘视角看是右平移）模式为例进行分析。麦克纳姆轮全向底盘沿水平 $y$ 轴方向左平移时的运动模型如图 5-16 所示。

图 5-16 中的变量定义见表 5-11。

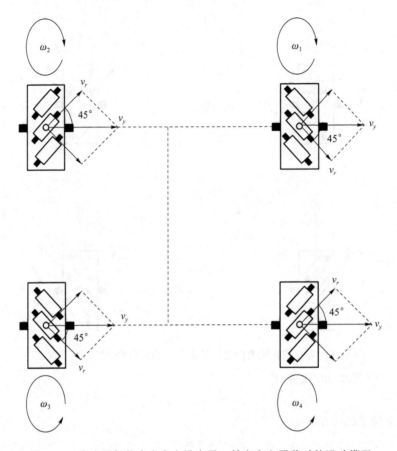

图 5-16　麦克纳姆轮全向底盘沿水平 $y$ 轴方向左平移时的运动模型

**表 5-11　图 5-16 中的变量定义**

| 变量 | 描述 |
|---|---|
| $v_y$ | 整个底盘复合作用在单个轮子上形成的最终速度，其箭头方向为所形成的速度方向。因为是仰视底盘的视图，所以当箭头朝左时，表示此处产生的速度让车体向右移动；当箭头朝右时，表示此处产生的速度让车体向左移动 |
| $v_r$ | 轮子在地面接触点产生的速度，该速度与小轮毂轮轴方向平行，其箭头方向为轮子产生的速度方向 |
| $\omega_n$ | 从轮子旋转轴向的外侧面向轮子时所看到的轮子转速，下标数字表示轮子的编号。箭头方向为该视角下看到的轮子旋转方向 |

从图 5-16 中可以得出关系式：

$$v_r = v_y \times \cos 45°$$

联立前面单个轮子的关系式：

$$\begin{cases} v_\omega = \omega \times R_\omega \\ v_r = v_\omega \times \cos 45° \\ v_r = v_y \times \cos 45° \end{cases}$$

可以推出关系：

$$v_y = v_\omega = \omega \times R_\omega \quad \Rightarrow \omega = v_y / R_\omega$$

根据左平移运动的模型分析图中的速度方向,可以得出四个轮子的转速关系:

$$\begin{cases} \omega_1 = -v_y/R_\omega \\ \omega_2 = -v_y/R_\omega \\ \omega_3 = v_y/R_\omega \\ \omega_4 = v_y/R_\omega \end{cases}$$

### 5.3.3  旋 转 运 动

麦克纳姆轮全向底盘的旋转模式又分为顺时针和逆时针,这两种模式只是速度方向不同,本质是一样的,这里仅以机器人逆时针旋转为例进行分析。需要注意的是,机器人逆时针旋转,从底盘下方看上去是顺时针旋转。麦克纳姆轮全向底盘旋转时的运动模型如图 5-17 所示。

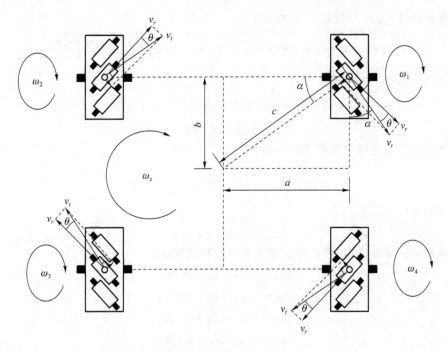

图 5-17  麦克纳姆轮全向底盘旋转时的运动模型

图 5-17 中的变量定义见表 5-12。

表 5-12  图 5-17 中的变量定义

| 变量 | 描述 |
| --- | --- |
| $v_r$ | 四个轮子在地面接触点产生的线速度,其箭头方向为轮子产生的速度方向,与小轮毂的轴向平行 |
| $v_t$ | 车体旋转的实际线速度,由小轮毂线速度 $v_r$ 和小轮毂自由滚动方向的速度分量合成产生,其速度方向和主轮触地点与车体中心连线"$c$"垂直 |
| $\omega_n$ | 从轮子旋转轴向的外侧面向轮子时所看到的轮子转速,下标数字表示轮子的编号。箭头方向为该视角下看到的轮子旋转方向 |
| $a$ | 麦克纳姆轮的触地点到车体中心的横向距离,为定值 |
| $b$ | 麦克纳姆轮的触地点到车体中心的纵向距离,为定值 |
| $c$ | 麦克纳姆轮的触地点到车体中心的连线,也是车体旋转的角速度半径 |

| 变量 | 描述 |
|---|---|
| $\alpha$ | 麦克纳姆轮的触地点到车体中心连线与水平方向的夹角,也是车体旋转线速度与竖直方向的夹角,这两个夹角与同一个角形成余角,所以它们相等 |
| $\theta$ | 车体旋转的实际线速度和小轮毂在触地点产生的线速度之间的夹角 |
| $\omega_z$ | 机器人自身旋转的角速度 |

由图 5-17 中可得如下关系:

$$\begin{cases} v_t = \omega_z \times c \\ v_t = v_r / \cos\theta \\ \theta + \alpha = 45° \end{cases} \Rightarrow \omega_z \times c = v_r / \cos(45° - \alpha)$$

为方便计算,先将 $\cos(45° - \alpha)$ 展开:

$$\cos(45° - \alpha) = \cos\alpha \cdot \cos 45° + \sin\alpha \cdot \text{sincos } 45° = \frac{\cos\alpha + \sin\alpha}{\sqrt{2}}$$

将该展开式代入原来的等式:

$$\omega_z \times c = v_r / \cos(45° - \alpha) = \sqrt{2}v_r / (\cos\alpha + \sin\alpha) = \sqrt{2}v_r c / (a + b) \Rightarrow$$
$$\omega_z = \sqrt{2}v_r / (a + b)$$

由之前单个麦克纳姆轮的速度分析,有:

$$v_r = v_\omega \times \cos 45° = \frac{\sqrt{2}}{2}v_\omega = \frac{\sqrt{2}}{2}\omega \times R_\omega$$

将其代入刚才的关系式:

$$\omega_z = \omega \times R_\omega / (a + b)$$

考虑轮子的转动方向,可以推出四个轮子的转速关系:

$$\begin{cases} \omega_1 = -\omega_z \times (a + b) / R_\omega \\ \omega_2 = -\omega_z \times (a + b) / R_\omega \\ \omega_3 = -\omega_z \times (a + b) / R_\omega \\ \omega_4 = -\omega_z \times (a + b) / R_\omega \end{cases}$$

### 5.3.4 复合运动

前面提到过,麦克纳姆轮全向底盘所有的运动状态都可以看成上述三种运动模式的复合状态,所以最后四个轮子的转速的关系式为上述运动模式的速度和。

$$\begin{cases} \omega_1 = v_x / R_\omega - v_y / R_\omega - \omega_z \times (a + b) / R_\omega \\ \omega_2 = -v_x / R_\omega - v_y / R_\omega - \omega_z \times (a + b) / R_\omega \\ \omega_3 = -v_x / R_\omega + v_y / R_\omega - \omega_z \times (a + b) / R_\omega \\ \omega_4 = v_x / R_\omega + v_y / R_\omega - \omega_z \times (a + b) / R_\omega \end{cases}$$

上式中的变量定义见表 5-13。

表 5-13　麦克纳姆轮全向底盘复合运动速度公式中的变量定义

| 变量 | 描述 |
| --- | --- |
| $\omega_n$ | 从轮子旋转轴向的外侧面向轮子时所看到的轮子转速,下标数字表示轮子的编号 |
| $v_x$ | 车体沿水平 $x$ 轴方向移动的速度值。车体往前行进时该值为正,车体向后行进时该值为负 |
| $v_y$ | 车体沿水平 $y$ 轴方向移动的速度值。车体往左侧平移时该值为正,车体向右侧平移时该值为负 |
| $R_w$ | 麦克纳姆轮的外圆半径,为定值 |
| $\omega_z$ | 机器人自身旋转的角速度 |
| $a$ | 麦克纳姆轮的触地点到车体中心的横向距离,为定值 |
| $b$ | 麦克纳姆轮的触地点到车体中心的纵向距离,为定值 |

表 5-13 中只有 $v_x$、$v_y$ 和 $\omega_z$ 是未知数,其他都是已知数,实现了根据指定的 $v_x$、$v_y$ 和 $\omega_z$ 来求解四个轮子的转速。

## 5.4　本章小结

本章分别对四轮差动底盘、三轮全向底盘和麦克纳姆轮全向底盘进行了运动学分析,对三种底盘的直线运动、旋转运动和复合运动进行了详细的公式推导,为下一步机器人运动仿真奠定了基础。

# 第6章 移动机器人运动仿真

## 6.1 四轮差动机器人运动仿真

本节将根据前述四轮差动底盘运动学分析以及综合运用 CoppeliaSim 软件操作方法，介绍四轮差动机器人运动仿真的具体实现。

(1) 在场景中添加车身。可以采用导入外部三维模型文件的方式或直接在场景中绘制车身，本节采用后一种方式。在场景中添加不同尺寸的车身部件，使用成组功能(Group)将部件组合成一体(如图 6-1 所示)，车身整体尺寸约为 0.5 m×0.3 m×0.2 m(分别对应 X、Y、Z 方向)，车身整体设置为"respondable""dynamic"(如图 6-2 所示)。

(2) 添加车轮。可以将零部件做成模型，放到模型库中，再从模型库中调用，也可以直接导入车轮文件，导入后，使用坐标系重定位功能(Reorient bouding box)，将导入对象的坐标系方向与世界坐标系方向对齐，如图 6-3 所示。复制另外 3 个车轮，使用对齐功能和移动

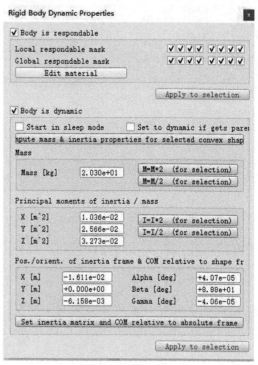

图 6-2 车身整体设置

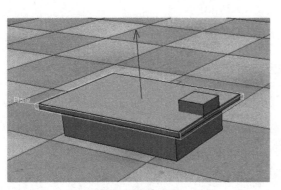

图 6-1 车身成组

功能,将另外 3 个车轮放置到合适的位置。这里注意,多选对象进行对齐操作时,作为对齐标准的对象最后选择,再单击"Apply X/Y/Z to sel.",如图 6-4 所示。车轮的形状过于复杂,将其"respondable""dynamic"设置为不启用状态。多选车轮对齐如图 6-5 所示。

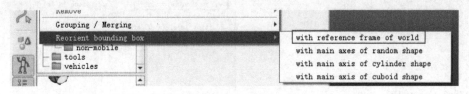

图 6-3    车轮坐标系重定位

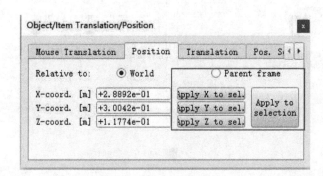

图 6-4    多对象快速对齐

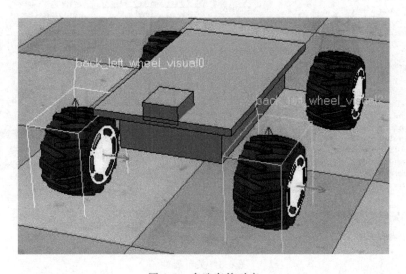

图 6-5    多选车轮对齐

(3) 添加旋转关节。添加 4 个旋转关节(Revolute joint),将关节绕坐标系旋转 90°,使关节水平,设置为力矩模式、电机使能,关节属性如图 6-6 所示。

(4) 将 4 个旋转关节分别与 4 个车轮对齐。先选择关节,再选择车轮,将关节对齐到车轮(如图 6-7 所示)。这里注意,多选对象进行对齐操作时,作为对齐标准的对象最后选择,再单击"Apply X/Y/Z to sel."。

(5) 提取凸壳。导入的车轮形状过于复杂,进行动力学解算过于消耗系统资源,如

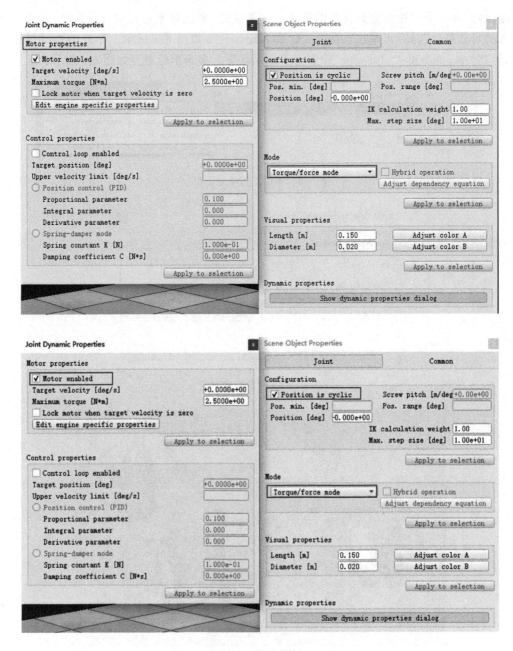

图 6-6　关节属性

图 6-8所示,需要将导入的车轮抽取凸壳,以减少计算量。如图 6-9 所示,将提取的凸壳,可见图层设置为第二行第一列。将凸壳的"respondable""dynamic"设置为启用状态。

(6)对车轮设置对象层次关系,并重命名。根据运动模型从 1 到 4 以车底视角逆时针方向依次为各对象命名,其中车轮以 x 开头,提取的凸壳以 convexHull 开头,关节以 joint 开头。重命名后的四轮差动机器人的层次结构如图 6-10 所示。

图 6-7　关节对齐到车轮

图 6-8　提取车轮凸壳

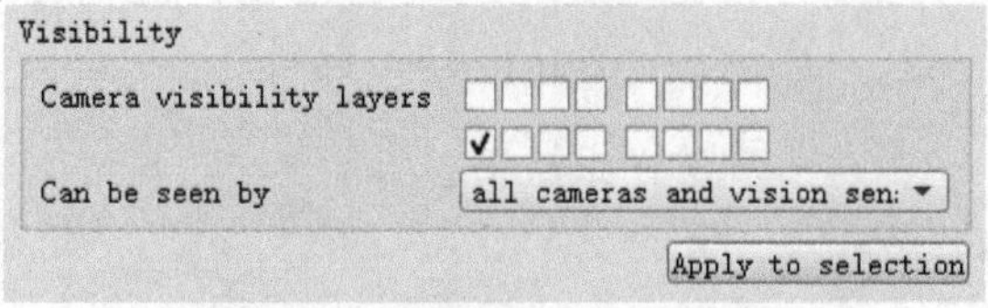

| Visibility | | |
|---|---|---|
| Camera visibility layers | ☐☐☐☐ ☐☐☐☐ | |
| | ☑☐☐☐ ☐☐☐☐ | |
| Can be seen by | all cameras and vision sen: ▼ | |
| | | Apply to selection |

图 6-9　凸壳的可见属性设置

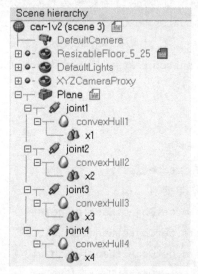

图 6-10　四轮差动机器人层次结构

（7）在场景中的任意对象上添加非线程脚本。计算方法请参见 5.1 节的内容。脚本内容如下。

```
function sysCall_init()
    -- 定义操作面板
    xml = [[
    <ui closeable = "true" on-close = "closeEventHandler"
resizable = "true">
        -- 标题
        <label text = "四轮差动底盘运动控制" wordwrap = "true" />
        -- 第一组速度设置面板
        <group>
            -- 文本显示,id 号为 1000
            <label text = "线速度(m/s):0" id = "1000" wordwrap = "true" />
            -- 滑动条,对应的事件触发的函数是 Line_speed_set()
            <hslider tick-position = "above" tick-interval = "1" minimum
= "-30" maximum = "30" on-change = "Line_speed_set" />
            -- 文本显示,id 号为 1001
            <label text = "角速度(。/s):0" id = "1001" wordwrap = "true" />
            -- 微调组件,对应的事件触发的函数是 Roll_speed_set()
            <spinbox minimum = "-60" maximum = "60" onchange =
"Roll_speed_set" />
        </group>
        -- 第二组启动停止按钮
        <group>
            <label text = "停止" id = "1002" wordwrap = "false" />
            -- 按钮,对应的事件触发的函数是 Start_move()
            <button text = "开始运动" onclick = "Start_move" />
            -- 按钮,对应的事件触发的函数是 Stop_move()
            <button text = "停止运动" onclick = "Stop_move" />
        </group>
    </ui>
    ]]
    -- 创建操作面板
    ui = simUI.create(xml)
    -- 获取对象句柄
    joint1 = sim.getObjectHandle('joint1')
    joint2 = sim.getObjectHandle('joint2')
    joint3 = sim.getObjectHandle('joint3')
    joint4 = sim.getObjectHandle('joint4')
```

```lua
-- 初始化
-- 各轮子的转速
w1 = 0
w2 = 0
w3 = 0
w4 = 0
-- 车体速度
vel = 0
-- 车体旋转角度
wz = 0
-- 机器人宽度
width = 0.41
-- 机器人长度
length = 0.41
-- 机器人旋转的车身半径,固定值
R4wd = math.sqrt( (width/2) * (width/2) + (length/2) * (length/2) )
-- 状态栏显示
simAddStatusbarMessage("R4wd:"..R4wd)
-- 轮子的外圆半径。固定值
Rw = 0.1
simAddStatusbarMessage("Rw:"..Rw)
-- 启动停止按钮的标记位
flag_run = false
end
function Start_move(h)
    -- 标志位置位
    flag_run = true
    -- 设置面板字符串
    simUI.setLabelText(ui,1002,'运行')
end
function Stop_move(h)
    -- 清零速度
    vel = 0
    wz = 0
    -- 标志位清零
    flag_run = false
    -- 设置面板字符串
    simUI.setLabelText(ui,1002,'停止')
end
```

```lua
function Line_speed_set(ui,id,newVal)
    -- 滑动条的颗粒度为 1,线速度调节精度为 0.1,这里做变换
    vel = newVal/10
    simUI.setLabelText(ui,1000,'线速度(m/s):'..vel)
end
function Roll_speed_set(ui,id,newVal)
    -- 内部计算用弧度,显示为角度,做变换
    wz = newVal * math.pi/180
    simUI.setLabelText(ui,1001,'角速度(。/s):'..newVal)
end
function sysCall_actuation()
    -- put your actuation code here
    if flag_run == true then
        sim.addStatusbarMessage('w1')
        -- 计算车轮转速
        w1 = calVelAndRoll(vel, wz, -1, -1)
        sim.addStatusbarMessage('w2')
        w2 = calVelAndRoll(vel, wz, -1,1)
        sim.addStatusbarMessage('w3',1)
        w3 = calVelAndRoll(vel, wz, -1,1)
        sim.addStatusbarMessage('w4',1)
        w4 = calVelAndRoll(vel, wz, -1, -1)
    else
        -- 若为停止则设置转速为 0
        w1 = 0
        w2 = 0
        w3 = 0
        w4 = 0
    end
    -- 设置关节速度
    sim.setJointTargetVelocity(joint1,w1)
    sim.setJointTargetVelocity(joint2,w2)
    sim.setJointTargetVelocity(joint3,w3)
    sim.setJointTargetVelocity(joint4,w4)
end
```

```lua
        function sysCall_cleanup()
            -- do some clean - up here
            simUI.destroy(ui)
        end
    function closeEventHandler(h)
        -- 关闭窗口
        sim.addStatusbarMessage('Window'..h..' is closing...')
        simUI.hide(h)
    end
-- Rw:轮子的外圆半径,固定值
-- R4wd:机器人旋转的车身半径,固定值
-- Vx:四个轮子在地面接触点产生的线速度,目标值
-- wz:机器人自身旋转的角速度,目标值
-- dirL:线速度正反转
-- dirR:角速度正反转
calVelAndRoll = function(Vx,wz,dirL,dirR)
        -- 计算直行速度
        if dirL >= 0 then
            w_L = Vx/Rw
            sim.addStatusbarMessage('w_L +'..w_L)
        else
            w_L = - Vx/Rw
            sim.addStatusbarMessage('w_L -'..w_L)
        end
        -- 计算旋转速度
        if dirR >= 0 then
            w_R = wz * R4wd/Rw * (R4wd/(width/2))
            sim.addStatusbarMessage('w_R +    '..w_R)
        else
            w_R = - wz * R4wd/Rw * (R4wd/(width/2))
            sim.addStatusbarMessage('w_R _   '..w_R)
        end
        -- 求和
        wTotal = w_L + w_R
        sim.addStatusbarMessage('wTotal   '..wTotal)
        -- 返回复合速度
    return wTotal
end
```

（8）脚本调试。

① 函数 calVelAndRoll(Vx,wz,dirL,dirR) 后两个方向参数的值需要逐个车轮调试。因车轮在对齐过程中存在旋转等操作，所以车轮旋转方向需要标定。调整直行方向参数，直到车轮直行方向与设计一致；调整旋转方向参数，直到车轮旋转方向与设计一致。

② 车体参数的测量。脚本中有车体长度、宽度、车轮半径等参数，这些参数是定值。车体参数的测量方法是：选中车轮，信息窗口会显示该车轮的位置值，如图 6-11 所示。从两个车轮的位置值的差，可以得到车体长度、宽度的参数。该方法的前提是，车轮对象的坐标原点都处于车轮质心位置。车轮半径的测量方法是查看车轮的尺寸信息，计算出车轮半径，如图 6-12 所示。

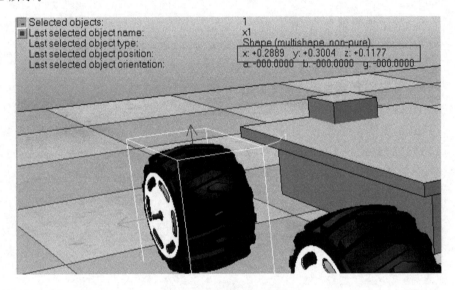

图 6-11　车体参数的测量

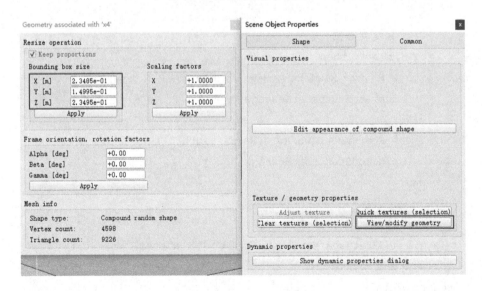

图 6-12　车轮半径的测量

# 6.2　三轮全向机器人运动仿真

## 6.2.1　全向轮仿真

全向轮式移动机器人通常采用全向轮（Omniwheels）或麦克纳姆轮（Mecanum wheels）。全向轮和麦克纳姆轮不转向，只通过车轮的正反转，依靠小直径滚轮，实现车体的转向。

本小节介绍全向轮的仿真。常规的想法是在轮毂上创建多个旋转关节，并在旋转关节上添加辊子。这样实现仿真虽然和实际情况一致，但是过多的辊子会影响仿真速度和效率，增加系统复杂度。仿真是为了在软件中尽可能地模拟实际状态，使观测数据有意义。仿真并不是为了追求与实际物理对象完全一致，因为模拟的粒度可以无限细分，永远也无法做到与实际一致。使用软件仿真，通过合理的抽象深入现象本质，以简化仿真，能达到同样的仿真效果。本节全向轮的设计思路就是如此，使用一个球体在横向旋转关节做旋转运动，以代替众多小辊子接触地面的旋转运动。小辊子不接触地面时，是不需要仿真的，接触地面后的行为和球体运动类似。全向轮仿真的具体方法如下。

（1）添加车轮主体。绘制 3 个圆柱体，使用移动及旋转工具，调整圆柱体的位置和姿态，组成车轮主体，车轮直径为 0.1 m，车轮宽度为 0.06 m，如图 6-13 所示。

图 6-13　3 个圆柱体组成车轮主体

（2）添加小滚轮。绘制一个小圆柱体，圆柱体的半径为 0.01 m，高为 0.02 m，调整小圆柱体的颜色。复制该圆柱体，在"Object/Item Translation/Position"对话框的"Translation"选项卡，调整复制出来的小圆柱体沿 Z 方向移动－0.08 m，如图 6-14 所示。

组合这两个小圆柱体，使其成为一个整体，并在此基础上复制出另外 3 个小圆柱组合，分别绕各自的 X 轴旋转 45°、－45°、90°，如图 6-15 所示。在进行对象位姿调整的时候，一定要清楚被调整对象的坐标系，才可利用旋转工具高效地调整位姿。用鼠标拖动的方式调整姿态不够精准，应尽量少用。

（3）组合全向轮可视部分。将步骤 2 中的 3 组小圆柱体组合成一个环型整体，将这个环型整体再复制一个，调整位置，使这两个环型整体与主车轮组合成全向轮可视部分，如图 6-16 所示。

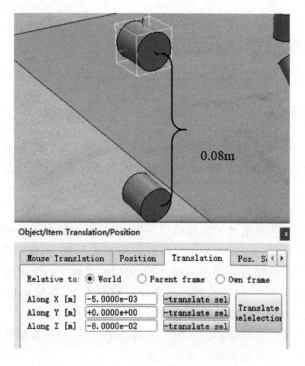

图 6-14　调整圆柱体位置

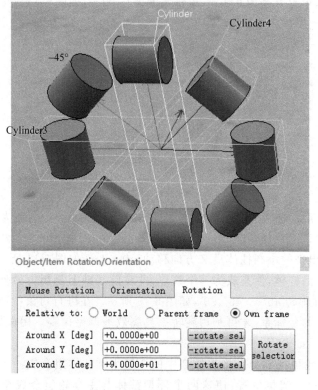

图 6-15　调整小圆柱体的组合姿态

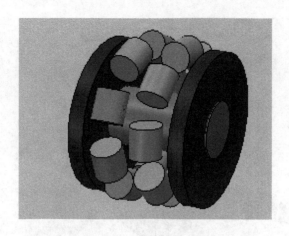

图 6-16　全向轮可视部分

（4）调整全向轮可视部分的坐标系方向（如图 6-17 所示）。组合后的坐标系可能存在一定的旋转角度，不符合使用习惯，此时需要调整坐标系的方向与世界坐标系对齐，便于后期处理。具体方法是执行"Menu bar"→"Edit"→"Reorient bounding box"→"with reference frame of world"。

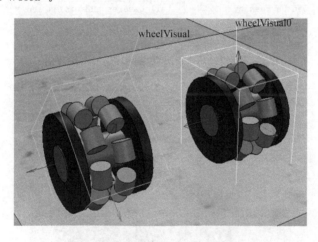

图 6-17　调整全向轮可视部分的坐标系方向

如图 6-18 所示，添加两个旋转关节并调整其可见图层。添加两个相互垂直的旋转关节（主轮轴旋转关节和小轮毂旋转关节），将这两个旋转关节对齐到全向轮可视部分。主轮轴旋转关节命名为 OmniwheelJoint，小轮毂旋转关节命名为 OmniwheelFreeJoint，将这两个关节的可见图层调整为第二行第二列，均为 Torque/force mode。主轮轴旋转关节的动力学属性设置为 Motor enabled，小轮毂旋转关节的动力学属性设置为非勾选 Motor enabled。

（5）添加两个球体，即连接球体和可响应球体，将这两个球体对齐到全向轮可视部分，可见图层调整为第二行第一列，如图 6-19 所示。连接球体是连接两个旋转关节的动力学对象，命名为 OmniwheelSphereLink，属性设置为"non-respondable""dynamic"。可响应球体用于模拟小辊子运动，命名为 RespondableSphere，属性设置为"respondable""dynamic"。

（6）建立图 6-20 所示的对象层次关系。

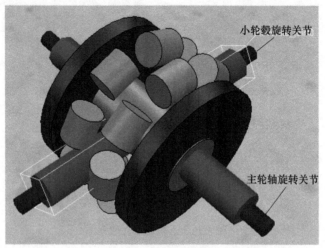

(a) 添加两个旋转关节

(b) 调整可见图层

图 6-18　添加两个旋转关节并调整其可见图层

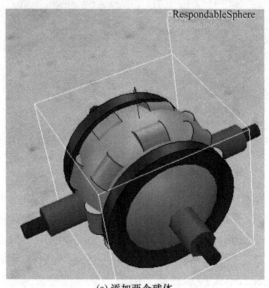

(a) 添加两个球体

(b) 调整可见图层

图 6-19　添加两个球体并调整其可见图层

图 6-20　建立对象层次关系

（7）添加如下脚本。

```
function sysCall_init()
    rolling = sim.getObjectAssociatedWithScript(sim.handle_self)
    slipping = sim.getObjectHandle('OmniwheelFreeJoint')
    wheel = sim.getObjectHandle('RespondableSphere')
end
function sysCall_actuation()
    if (sim.getObjectParent(rolling) ~ = - 1) then
        -- 重置动态对象,更改位姿前调用
        sim.resetDynamicObject(wheel)
        -- 设置小轮毂旋转关节位置,为 rolling 坐标原点
sim.setObjectPosition(slipping + sim.handleflag_reljointbaseframe,rolling,
{0,0,0})
        -- 设置小轮毂旋转关节姿态,相对于主轮轴旋转关节的基坐标(主轮轴旋转关
节的基坐标在关节转动时保持不变)旋转 - 90 度
    sim.setObjectOrientation ( slipping + sim. handleflag _ reljointbaseframe,
rolling,{ - math.pi/2,0,0})
        -- 设置小轮毂仿真球体位置,为 rolling 坐标原点
sim.setObjectPosition(wheel + sim.handleflag_reljointbaseframe,rolling,{0,0,
0})
        -- 设置小轮毂仿真球体姿态,相对于主轮轴旋转关节的基坐标(主轮轴旋转关
节的基坐标在关节转动时保持不变)不变
    sim.setObjectOrientation(wheel + sim.handleflag_reljointbaseframe,rolling,
{0,0,0})
    end
end
```

## 6.2.2　机器人运动仿真

三轮全向机器人的 3 个全向轮互相呈 60°。本小节将根据前述三轮全向底盘运动学分析以及综合运用 CoppeliaSim 软件操作方法,在全向轮运动仿真的基础上,介绍三轮全向机器人运动学仿真的具体实现,步骤如下。

（1）在场景中添加车身。可以采用导入外部三维模型文件的方式或直接在场景中绘制车身,本小节采用后一种方式。如图 6-21 所示,在场景中添加圆柱体作为车身,使用图形编

辑模式 🖱️ 将车身修改为期望样式,以区分车头和车尾,便于判断行进方向。车身直径约为 0.5 m,车身整体设置为"respondable""dynamic"。

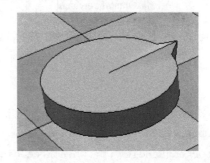

图 6-21　修改车身样式以区分车头和车尾

（2）添加车轮。按照三轮全向底盘的布局,拖拽 3 个全向轮到车身附近。车轮布局如图 6-22 所示。

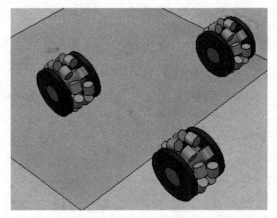

图 6-22　车轮布局

使用工具栏的旋转功能和移动功能,将这 3 个全向轮放置到车体合适的位置,如图 6-23 所示。

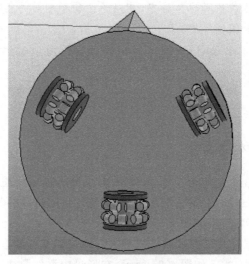

图 6-23　将车轮放置到车体

（3）设置对象层次关系，并重命名。根据运动模型从 1 到 3 以车底视角逆时针方向依次为各对象重命名。重命名后的层次结构如图 6-24 所示。

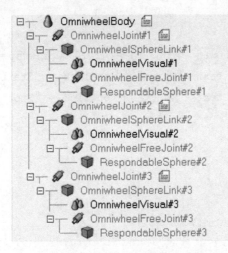

图 6-24　三轮全向机器人层次结构

（4）更改 3 个全向轮的脚本中 sim. getObjectHandle()函数的对象名参数。

（5）在场景中的车体对象上添加非线程脚本。计算方法请参见 5.2 节的内容。脚本内容如下。

```
function sysCall_init()
    xml = [[
<ui closeable = "true" on - close = "closeEventHandler" resizable = "true">
    <label text = "三轮全向底盘运动控制" wordwrap = "true" />


    <group>
        <label text = "车体 X 轴方向速度(m/s):0" id = "1000" wordwrap = "
true" />

        <hslider tick - position = "above" id = "10000" tick - interval = "
1" minimum = " - 30" maximum = "30" on - change = "Line_speed_set_x" />
        <label text = "车体 Y 轴方向速度(m/s):0" id = "1001" wordwrap = "
true" />

        <hslider tick - position = "above" id = "10001" tick - interval = "
1" minimum = " - 30" maximum = "30" on - change = "Line_speed_set_y" />

        <label text = "车体旋转角速度(。/s):0" id = "1002" wordwrap = "
true" />

        <spinbox minimum = " - 60" maximum = "60" id = "1003" onchange = "
Roll_speed_set" />
```

```
                <stretch />
        </group>

        <group>
                <label text = "停止" id = "1010" wordwrap = "false" />
                <button text = "开始运动" onclick = "Start_move" />
                <button text = "停止运动" onclick = "Stop_move" />
                <stretch />
        </group>
    </ui>
    ]]
    -- 创建界面
    ui = simUI.create(xml)
    -- 获取车轮句柄
    joint1 = sim.getObjectHandle('OmniwheelJoint#1')
    joint2 = sim.getObjectHandle('OmniwheelJoint#2')
    joint3 = sim.getObjectHandle('OmniwheelJoint#3')
    -- 初始化
    w1 = 0
    w2 = 0
    w3 = 0
    vel_x = 0
    vel_y = 0
    wz = 0
    -- 机器人半径
    Romni = 0.185
    sim.addStatusbarMessage("Romni:"..Romni)
    -- 轮子的外圆半径,固定值
    Rw = 0.05
    sim.addStatusbarMessage("Rw:"..Rw)
    flag_run = false
end
function Start_move(h)
    -- 开始运动
    flag_run = true
    simUI.setLabelText(ui,1010,'运行')
end
function Stop_move(h)
    -- 停止运动
```

```
    vel_x = 0
    vel_y = 0
    wz = 0
    -- 设置界面显示
    simUI.setLabelText(ui,1000,'车体 X 轴方向速度(m/s):'..vel_x)
    simUI.setLabelText(ui,1001,'车体 Y 轴方向速度(m/s):'..vel_y)
    simUI.setLabelText(ui,1002,'车体旋转角速度(。/s):'..vel_y)
    simUI.setSpinboxValue(ui,1003,0)
    simUI.setSliderValue(ui,10000,0)
    simUI.setSliderValue(ui,10001,0)
    simUI.setLabelText(ui,1010,'停止')
    -- 设置标志位
    flag_run = false
end
function Line_speed_set_x(ui,id,newVal)
    -- 读入滑动条数值,量程变换
    vel_x = newVal/50
    simUI.setLabelText(ui,1000,'车体 X 轴方向速度(m/s):'..vel_x)
end
function Line_speed_set_y(ui,id,newVal)
    -- 读入滑动条数值,量程变换
    vel_y = newVal/50
    simUI.setLabelText(ui,1001,'车体 Y 轴方向速度(m/s)(m/s):'..vel_y)
end
function Roll_speed_set(ui,id,newVal)
    -- 读入 spinbox 数值,角度变弧度
    wz = newVal * math.pi/180
    simUI.setLabelText(ui,1002,'角速度(。/s):'..newVal)
end
function sysCall_actuation()
    -- 运行
    if flag_run == true then
        sim.addStatusbarMessage('w1')
        -- 调用车轮转速算法
        w1 = calVelAndRoll(vel_x,vel_y, wz, -1,1,1,1)
        sim.addStatusbarMessage('w2----')
        w2 = calVelAndRoll(vel_x,vel_y, wz,1,1,1,2)
        sim.addStatusbarMessage('w3',1)
        w3 = calVelAndRoll(vel_x,vel_y, wz,1,1, -1,3)
```

```
    else
        -- 停止
        w1 = 0
        w2 = 0
        w3 = 0
    end
    -- 设置车轮转速
    sim.setJointTargetVelocity(joint1,w1)
    sim.setJointTargetVelocity(joint2,w2)
    sim.setJointTargetVelocity(joint3,w3)
end
-- Romni:机器人旋转的车身半径,m,固定值
-- Vx:X 方向线速度,m/s
-- Vy:Y 方向线速度,m/s
-- wz:旋转速度,弧度
-- dirL_x:X 方向标定参数
-- dirL_y:Y 方向标定参数
-- dirR:旋转方向标定参数
-- wheelNo:轮车序号。3 号车轮要特殊处理
calVelAndRoll = function(Vx,Vy,wz,dirL_x,dirL_y,dirR,wheelNo)
-- 计算 X 方向速度
if dirL_x > = 0 then
    w_L_x = math.sqrt(3)/2 * Vx/Rw
    sim.addStatusbarMessage('w_L_x +'..w_L_x)
else
    w_L_x = - math.sqrt(3)/2 * Vx/Rw
    sim.addStatusbarMessage('w_L_x -'..w_L_x)
end
if wheelNo == 3 then
    w_L_x = 0
end
-- 计算 Y 方向速度
if dirL_y > = 0 then
    w_L_y = Vy/Rw/2
    sim.addStatusbarMessage('w_L_y +'..w_L_y)
else
    w_L_y = - Vy/Rw/2
    sim.addStatusbarMessage('w_L_y -'..w_L_y)
end
```

```
if wheelNo == 3 then
    w_L_y = Vy/Rw * dirL_y
end
-- 计算旋转速度
if dirR >= 0 then
    w_R = wz * Romni/Rw
    sim.addStatusbarMessage('w_R +    '..w_R)
else
    w_R = -wz * Romni/Rw
    sim.addStatusbarMessage('w_R _    '..w_R)
end
    -- 求和
wTotal = w_L_x + w_L_y + w_R
    sim.addStatusbarMessage('wTotal    '..wTotal)
    return wTotal
end
```

（6）参数标定。脚本中机器人旋转的车身半径 Romni 需要标定。根据 3 个全向轮的中心位置坐标，计算出外接圆的半径值。

（7）脚本调试。脚本编写完成，无启动运行报错之后，需要进行关节旋转方向的标定，即调试 calVelAndRoll() 的后 3 个方向参数的正负号，使小车运行符合移动机器人坐标系定义。移动机器人本体坐标系一般按照如下规则定义，X 方向为车体前进方向，Z 方向垂直向上，Y 方向为车体前进方向左侧或由右手定则确定。

# 6.3　麦克纳姆轮全向机器人运动仿真

## 6.3.1　麦克纳姆轮仿真

麦克纳姆轮一般 4 个一组使用，两个左旋轮，两个右旋轮，分别称为 A 轮、B 轮。A 轮和 B 轮呈手性对称，如图 6-25 所示。

为了建立麦克纳姆轮的模型，常规的想法是在轮毂上创建多个旋转关节，并在旋转关节上添加辊子。这样实现仿真虽然和实际情况一致，但是会影响仿真速度和效率，增加了系统的复杂度。

更好的方法是：使用一个小轮毂仿真球体，将该球体连接到一个被动的小轮毂旋转关节，此关节再连接到一个非响应的中间连接球体，中间连接球体再连接到一个驱动的主轮轴。然后，在每个模拟步骤中，重置被动的小轮毂关节的方向。

模型库自带的麦克纳姆轮按此思路设计，其层次结构如图 6-26 所示，从上到下，依次是主轮轴旋转关节、中间连接球体、麦克纳姆轮本体、小轮毂旋转关节、小轮毂仿真球体。其中，小轮毂旋转关节与主轮轴旋转关节呈 45°角，小轮毂仿真球体用于模拟小轮毂旋转。中

图 6-25　模型库中的 A 轮和 B 轮

间连接球体用于连接主轮轴旋转关节与小轮毂旋转关节,由于处于两个动态对象的中间,因此,中间连接球体必须设置为动态,否则会碰坏动力学仿真链。小轮毂仿真球体不仅可以绕着主轮轴转动,还可以绕着小轮毂旋转轴转动。模型库中的麦克纳姆轮结构如图 6-27 所示。

图 6-26　模型库中的麦克纳姆轮的层次结构

　　对于 A 轮,小轮毂旋转关节绕主轮轴旋转关节的 $x$ 轴反转 45°;对于 B 轮,小轮毂旋转关节绕主轮轴旋转关节的 $x$ 轴正转 45°,再绕 $z$ 轴正转 180°。A 轮和 B 轮的旋转轴结构分别如图 6-28 和图 6-29 所示,其中 $z$ 为主轮轴旋转关节、$z'$ 为小轮毂旋转关节。

　　由于 A 轮和 B 轮的关节旋转方向不同,相应地,A 轮和 B 轮对应的脚本也不完全一样。

　　A 轮对应的脚本如下。

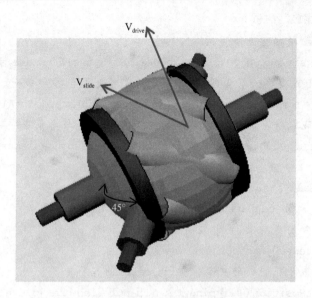

图 6-27　模型库中的麦克纳姆轮结构

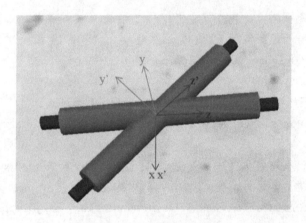

图 6-28　A 轮的旋转轴结构

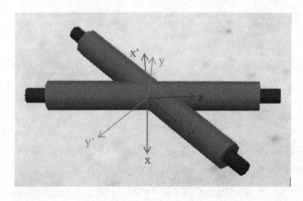

图 6-29　B 轮的旋转轴结构

```
function sysCall_init()
    -- 获取主轮轴旋转关节句柄
    rolling = sim.getObjectAssociatedWithScript(sim.handle_self)
    --获取小轮毂旋转关节句柄,特别注意对象名是否与场景中一致
    slipping = sim.getObjectHandle('OmniWheel45A_freeJointA1')
    -- 获取小轮毂仿真球体句柄,特别注意对象名是否与场景中一致
    wheel = sim.getObjectHandle('OmniWheel45A_respondableWheelA1')
end
function sysCall_actuation()
    if (sim.getObjectParent(rolling)~ = -1) then
        -- 重置动态对象,更改位姿前调用
        sim.resetDynamicObject(wheel)
        -- 设置小轮毂旋转关节位置,为 rolling 坐标原点
    sim.setObjectPosition(slipping + sim.handleflag_reljointbaseframe,rolling,
{0,0,0})
        -- 设置小轮毂旋转关节姿态,相对于主轮轴旋转关节的基坐标(主轮轴旋转关
节的基坐标在关节转动时保持不变)旋转 -45 度
    sim.setObjectOrientation(slipping + sim.handleflag_reljointbaseframe,
rolling,{-math.pi/4,0,0})
        -- 设置小轮毂仿真球体位置,为 rolling 坐标原点
    sim.setObjectPosition(wheel + sim.handleflag_reljointbaseframe,rolling,{0,0,
0})
        -- 设置小轮毂仿真球体姿态,相对于主轮轴旋转关节的基坐标(主轮轴旋转关
节的基坐标在关节转动时保持不变)不变
    sim.setObjectOrientation(wheel + sim.handleflag_reljointbaseframe,rolling,
{0,0,0})
    end
end
```

B 轮对应的脚本如下。

```
function sysCall_init()
    -- 获取主轮轴旋转关节句柄,特别注意对象名是否与场景中一致
    rolling = sim.getObjectHandle('typeB2')
    --获取小轮毂旋转关节句柄,特别注意对象名是否与场景中一致
    slipping = sim.getObjectHandle('OmniWheel45B_freeJointB2')
    -- 获取小轮毂仿真球体句柄,特别注意对象名是否与场景中一致
    wheel = sim.getObjectHandle('OmniWheel45B_respondableWheelB2')
end
function sysCall_actuation()
    if (sim.getObjectParent(rolling)~ = -1) then
```

```
            -- 重置动态对象,更改位姿前调用
            sim.resetDynamicObject(wheel)
            -- 设置小轮毂旋转关节位置,为 rolling 坐标原点
      sim.setObjectPosition(slipping + sim.handleflag_reljointbaseframe,rolling,
{0,0,0})
            -- 设置小轮毂旋转关节姿态,相对于主轮轴旋转关节的基坐标(主轮轴旋转关
节的基坐标在关节转动时保持不变)绕 X 轴转 45 度,再绕 z 轴转 180 度
      sim.setObjectOrientation(slipping + sim.handleflag_reljointbaseframe,
rolling,{math.pi/4,0,math.pi})
            -- 设置小轮毂仿真球体位置,为 rolling 坐标原点
      sim.setObjectPosition(wheel + sim.handleflag_reljointbaseframe,rolling,{0,0,
0})
            -- 设置小轮毂仿真球体姿态,相对于主轮轴旋转关节的基坐标(主轮轴旋转关
节的基坐标在关节转动时保持不变)不变
      sim.setObjectOrientation(wheel + sim.handleflag_reljointbaseframe,rolling,
{0,0,0})
         end
      end
```

## 6.3.2　机器人运动仿真

麦克纳姆轮的安装方式有多种,主要分为:X-正方形(X-square)、X-长方形(X-rectangle)、O-正方形(O-square)、O-长方形(O-rectangle)。X 和 O 表示与 4 个轮子地面接触的辊子所形成的图形;正方形与长方形指的是 4 个轮子与地面接触点所围成的形状。其中,O-长方形是最常见的安装方式,这种方式安装的轮子转动时可以产生垂直方向的转动力矩,而且转动力矩的力臂也比较长。本小节将根据前述麦克纳姆轮全向底盘运动学分析以及综合运用 CoppeliaSim 软件操作方法,介绍 O-长方形麦克纳姆轮全向机器人运动学仿真的具体实现,具体步骤如下。

(1) 在场景中添加车身。可以采用导入外部三维模型文件的方式或直接在场景中绘制车身,本小节采用后一种方式。如图 6-30 所示,在场景中添加长方体作为车身,使用图形编辑模式 将车身修改为期望样式,以区分车头和车尾。车身整体尺寸约为 $0.5\,\mathrm{m} \times 0.3\,\mathrm{m} \times 0.05\,\mathrm{m}$(X、Y、Z 方向),车身整体设置为"respondable""dynamic"。

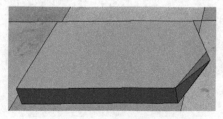

图 6-30　修改车身区分车头车尾

（2）添加车轮。从 CoppeliaSim 软件自带模型库/components/locomotion and propulsion 中找到麦克纳姆轮。在对象属性对话框中，调整麦克纳姆轮的几何参数、动力学参数等到期望值。按照 O-长方形的布局，拖拽 A 轮和 B 轮共 4 个麦克纳姆轮到车身附近。按照建模时的约定，从车底向上看，车轮布局如图 6-31 所示。

图 6-31　麦克纳姆轮车轮布局

之后使用工具栏的对齐功能和移动功能，将这 4 个麦克纳姆轮放置到合适的位置。这里注意，多选对象进行对齐操作时，作为对齐标准的对象最后选择，再单击"Apply X/Y/Z to sel."，如图 6-32 所示。如果机器人的参数不准确，则机器人无法走直线，也无法旋转到指定角度，因此一定要使用对齐功能，将机器人按照理想状态装配，而不使用鼠标拖拽方式装配。麦克纳姆轮多选车轮对齐如图 6-33 所示。

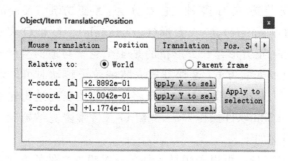

图 6-32　麦克纳姆轮多对象快速对齐

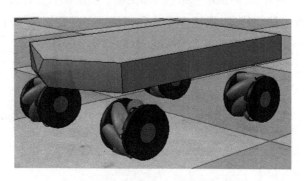

图 6-33　麦克纳姆轮多选车轮对齐

（3）设置对象层次关系，并重命名。根据运动模型从 1 到 4 以车底视角逆时针方向依次为各对象重命名。重命名后的层次结构如图 6-34 所示。

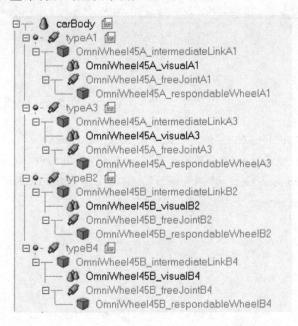

图 6-34　麦克纳姆轮全向机器人层次结构

（4）更改 4 个麦克纳姆轮的脚本中 sim. getObjectHandle（）函数的对象名参数。

（5）在场景中的车体对象上添加非线程脚本。计算方法请参见本书 5.3 节的内容。脚本内容如下。

```
function sysCall_init()
    xml = [[
    < ui closeable = "true" on－close = "closeEventHandler" resizable = "true">
        < label text = "麦克纳姆轮全向底盘运动控制" wordwrap = "true" />

        < group >
        < label text = "车体 X 轴方向速度(m/s):0" id = "1000" wordwrap = "true"
/>
            < hslider tick－position = "above" id = "10000" tick－interval = "1"
minimum = "－30" maximum = "30" on－change = "Line_speed_set_x" />
            < label text = "车体 Y 轴方向速度(m/s):0" id = "1001" wordwrap = "true"
/>
            < hslider tick-position = "above" id = "10001" tick－interval = "1"
minimum = "－30" maximum = "30" on－change = "Line_speed_set_y" />
```

```
          < label text = "车体旋转角速度(。/s):0" id = "1002" wordwrap = "true"
/>
          < spinbox minimum = " − 60" maximum = "60" id = "1003" onchange = "Roll
_speed_set" />
          < stretch />
          </group >

          < group >
              < label text = "停止" id = "1010" wordwrap = "false" />
              < button text = "开始运动" onclick = "Start_move" />
              < button text = "停止运动" onclick = "Stop_move" />
              < stretch />
          </group >

      </ui >
      ]]
      -- 创建界面
      ui = simUI.create(xml)
      -- 获取车轮句柄
      joint1 = sim.getObjectHandle('typeA1')
      joint2 = sim.getObjectHandle('typeB2')
      joint3 = sim.getObjectHandle('typeA3')
      joint4 = sim.getObjectHandle('typeB4')
      -- 初始化
      w1 = 0
      w2 = 0
      w3 = 0
      w4 = 0
      vel_x = 0
      vel_y = 0
      wz = 0
      -- 机器人宽度
      width = 0.28
      b = width / 2
      -- 机器人长度
      length = 0.3
      a = length / 2
      -- 机器人旋转的车身半径,固定值
      c = math.sqrt( a * a + b * b )
```

```
        sim.addStatusbarMessage("c:"..c)
        -- 轮子的外圆半径,固定值
        Rw = 0.05
        sim.addStatusbarMessage("Rw:"..Rw)
        flag_run = false
end
function Start_move(h)
        -- 开始运动
        flag_run = true
        simUI.setLabelText(ui,1010,'运行')
end
function Stop_move(h)
        -- 停止运动
        vel_x = 0
        vel_y = 0
        wz = 0
        -- 设置界面显示
        simUI.setLabelText(ui,1000,'车体 X 轴方向速度(m/s):'..vel_x)
        simUI.setLabelText(ui,1001,'车体 Y 轴方向速度(m/s):'..vel_y)
        simUI.setLabelText(ui,1002,'车体旋转角速度(。/s):'..vel_y)
        simUI.setSpinboxValue(ui,1003,0)
        simUI.setSliderValue(ui,10000,0)
        simUI.setSliderValue(ui,10001,0)
        simUI.setLabelText(ui,1010,'停止')
        -- 设置标志位
        flag_run = false
end
function Line_speed_set_x(ui,id,newVal)
        -- 读入滑动条数值,量程变换
        vel_x = newVal/50
        simUI.setLabelText(ui,1000,'车体 X 轴方向速度(m/s):'..vel_x)
end
function Line_speed_set_y(ui,id,newVal)
        -- 读入滑动条数值,量程变换
        vel_y = newVal/50
        simUI.setLabelText(ui,1001,'车体 Y 轴方向速度(m/s)(m/s):'..vel_y)
end


function Roll_speed_set(ui,id,newVal)
```

```
    -- 读入 spinbox 数值,角度变弧度
    wz = newVal * math.pi/180
    simUI.setLabelText(ui,1002,'角速度(。/s):'..newVal)
end
function sysCall_actuation()
    -- 运行
    if flag_run == true then
        sim.addStatusbarMessage('w1')
        -- 调用车轮转速算法
        w1 = calVelAndRoll(vel_x,vel_y, wz,1, -1, -1)
        sim.addStatusbarMessage('w2')
        w2 = calVelAndRoll(vel_x,vel_y, wz,1,1,1)
        sim.addStatusbarMessage('w3',1)
        w3 = calVelAndRoll(vel_x,vel_y, wz,1, -1,1)
        sim.addStatusbarMessage('w4',1)
        w4 = calVelAndRoll(vel_x,vel_y, wz,1,1, -1)
    else
        -- 停止
        w1 = 0
        w2 = 0
        w3 = 0
        w4 = 0
    end
        -- 设置车轮转速
        sim.setJointTargetVelocity(joint1,w1)
        sim.setJointTargetVelocity(joint2,w2)
        sim.setJointTargetVelocity(joint3,w3)
        sim.setJointTargetVelocity(joint4,w4)
    end
    -- Rw:轮子的外圆半径,m,固定值
    -- Vx:X 方向线速度,m/s
    -- Vy:Y 方向线速度,m/s
    -- wz:旋转速度,弧度
    -- dirL_x:X 方向标定参数
    -- dirL_y:Y 方向标定参数
    -- dirR:旋转方向标定参数
    calVelAndRoll = function(Vx,Vy,wz,dirL_x,dirL_y,dirR)
        -- 计算 X 方向速度
        if dirL_x >= 0 then
```

```
                w_L_x = Vx/Rw
                sim.addStatusbarMessage('w_L_x +'..w_L_x)
            else
                w_L_x = - Vx/Rw
                sim.addStatusbarMessage('w_L_x -'..w_L_x)
        end
        -- 计算 Y 方向速度
        if dirL_y > = 0 then
            w_L_y = Vy/Rw
            sim.addStatusbarMessage('w_L_y +'..w_L_y)
        else
            w_L_y = - Vy/Rw
            sim.addStatusbarMessage('w_L_y -'..w_L_y)
        end
        -- 计算旋转速度
        if dirR > = 0 then
        w_R = wz * (a + b)/Rw
        sim.addStatusbarMessage('w_R +     '..w_R)
    else
        w_R = - wz * (a + b)/Rw
        sim.addStatusbarMessage('w_R _   '..w_R)
        end
            -- 求和
        wTotal = w_L_x + w_L_y + w_R
        sim.addStatusbarMessage('wTotal    '..wTotal)
        return wTotal
    end
```

（6）参数标定及脚本调试。在实际的首台（套）机器人装配和调试中，由于齿轮、减速机等机械设计的原因，或伺服驱动方向设置、控制器软件设计的原因，经常出现机器人关节旋转方向与预想不一致的情况，因此，在机器人装配好之后，第一件是就是进行旋转方向的标定。更改任一环节的旋转方向即可，机械设计一般无法更改，多数采用更改伺服驱动器或控制器的软件配置的方法。使用 CoppeliaSim 也一样，脚本编写完成，无启动运行报错之后，需要进行关节旋转方向的标定，即调试 calVelAndRoll() 的后 3 个方向参数，使机器人的运行符合移动机器人坐标系的定义。移动机器人本体坐标系一般按照如下规则定义，X 方向为车体前进方向，Z 方向垂直向上，Y 方向为车体前进方向左侧或由右手定则确定。

此外，为了增加越障能力和通过性，通常在麦克纳姆轮全向机器人的两个前轮增加一个前轮连接件和非电机驱动的旋转关节，具体请参见模型库自带的 KUKA 复合机器人模型。

## 6.4　本章小结

　　本章内容是第 5 章内容的 CoppeliaSim 仿真实现：首先搭建了四轮差动机器人的车轮和车体，并进行了运动仿真脚本编写；接着对全向轮进行了建模，并进行了三轮全向机器人的用户界面及运动仿真脚本编写；最后对麦克纳姆轮全向机器人进行了建模，并实现了麦克纳姆轮全向机器人的用户界面及运动仿真脚本编写。

# 第7章 车-臂复合型机器人视觉抓取综合实践

本章使用协作机器人、移动小车和视觉传感器等搭建了仿真场景,综合运用软件提供的各种仿真手段和方法,展示了 CoppeliaSim 的强大仿真功能。图 7-1 所示为车-臂复合型机器人视觉抓取场景,场景中有一条传送带、一个移动小车、两台协作机器人、两个摄像头,以及随机生成摆放位置的工件,完成物料从传送带到工作台的搬运。一台协作机器人将传送带上的工件抓取并放置到移动小车上,移动小车运动到目标位置,第 2 台协作机器人将工件抓取下来,并放置到码垛区域。

读者可通过运行本章示例程序,观察仿真效果,再通过查看脚本和属性设置进行学习。

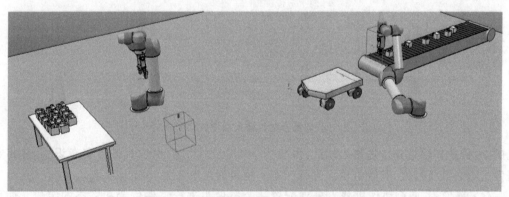

图 7-1 车-臂复合型机器人视觉抓取场景

## 7.1 场景主要对象

车-臂复合型机器人视觉抓取场景层次如图 7-2 所示,具体内容如下。

(1)协作机器人:使用 CoppeliaSim 模型库自带的协作机器人 UR5。一台负责从传送带取物料装到小车,称为装载机器人,对象名为 UR5L;另一台负责从小车将物料摆放到工作台,称为卸载机器人,对象名为 UR5U。

(2)机器人手爪:使用 CoppeliaSim 模型库自带的手爪 RG2。该模型有自带的脚本,能够实现手爪的张开和闭合。

(3)移动小车:使用本书的麦克纳姆轮全向机器人,对象名为 carBody。

(4)传送带:以 CoppeliaSim 模型库自带的传送带为基础,添加了传感器,对象名为 converyBelt。

(5)物料:物料随着传送带的运动定期生成,并掉落到传送带上,每个物料的朝向是随

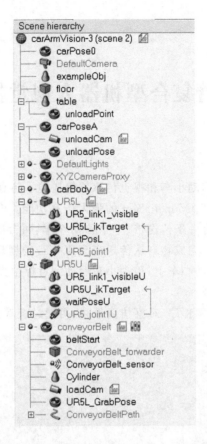

图 7-2　车-臂复合型机器人视觉抓取场景层次

机的,由传送带输送到传送带末端后,由放置于传送带上方的摄像头进行姿态识别,并将数据发送给装载机器人,装载机器人进行抓取。物料的对象名为 exampleObj。

（6）摄像头:两台协作机器人分别配置一个摄像头进行工件位置和姿态的定位。使用视觉插件 Vision Plug 进行图像处理。装载摄像头的对象名为 loadCam,卸载摄像头的对象名为 unloadCam。

（7）标记点:小车运动的装载位置点的对象名为 carPose0,卸载点的对象名为 carPoseA;装载机器人的小车放置点的对象名为 unloadPose,卸载机器人的工作台放置点的对象名为 unloadPoint;装载机器人的小车等待点的对象名为 waitPoseL、卸载机器人的等待点的对象名为 waitPoseU。

（8）工作台:用于放置接收到的物料。工作台上设置放置点 unloadPoint,该点是工作台的子对象,用于定义机器人放置物料的阵列的起始点。放置的所有物料都基于这个点,这个点移动,物料阵列也移动。

# 7.2　脚本规划

线程脚本:因为协作机器人、移动小车包含等待、运动等操作,所以它们采用线程脚本。

非线程脚本：摄像头、机器人手爪采用非线程脚本。

自定义脚本：模型库自带的传送带采用自定义脚本，通过输入界面可以设置传送带速度。

## 7.3　协作机器人设置及脚本

两台协作机器人通过使用逆解组、线程脚本、信号量实现运动。

### 7.3.1　逆解组设置

协作机器人的逆解使用逆解计算模块实现，通过设置逆解组 IKgroup，逆解计算模块能够自动计算一组标记点的逆解并且实现自动跟随。本例中，卸载机器人通过计算机器人末端标记点 UR5U_ikTip 位姿的逆解，使其跟踪领航点 UR5U_ikTarget 的运动。通过设置领航点 UR5U_ikTarget 的位姿，机器人末端标记点 UR5U_ikTip 按照指定速度、加速度等参数运动到该点。

在场景中添加两个标记点：(1) 在卸载机器人的根节点下添加标记点 UR5U_ikTarget，该点作为机器人运动的领航点，用于设定机器人末端的目标位姿；(2) 在机器人手爪 RG2 的节点下添加一个机器人末端标记点 UR5U_ikTip。逆解计算模块使用该标记点的位姿计算各关节角度。机器人末端标记点 UR5U_ikTip 的位置位于手爪 RG2 的两个指头夹紧处。双击标记点 UR5U_ikTip 的图标打开属性对话框，单击"Linked dummy"将两个标记点关联，这里关联已建好的领航点 UR5L_ikTarget。再单击"Link type"选择"IK, tip-target"，即逆解模式。设置完成之后，在场景中这两个标记点之间会有一条红线连接起来。

逆解组的设置如图 7-3 所示。

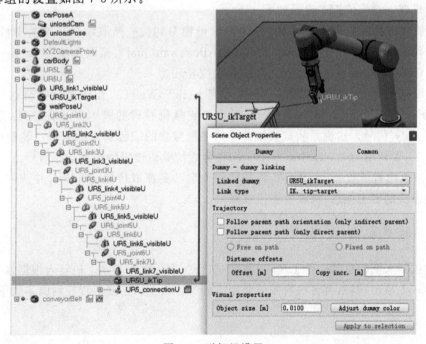

图 7-3　逆解组设置

### 7.3.2 装载机器人动作

装载机器人 UR5L 有一个子线程脚本,这个脚本能够实现从传送带取随机朝向的物料,将这些物料按照统一的朝向放置到移动小车上。主要流程控制脚本如下。

```
while true do
    -- 1.回到预备姿态函数。对应位置为 waitPos,对应姿态为 waitQuat
    backToWait(waitPos, waitQuat)
    -- 2.等待工件到位,传送带对象发送传送带准备好信号:'beltObjReady'
    sim.waitForSignal('beltObjReady')
    -- 3.取工件函数,抓取点位姿为 gripPos
    gripCube(gripPos)
    -- 4.回到预备位姿函数。对应位置为 waitPos,对应姿态为 waitQuat
    backToWait(waitPos, waitQuat)
    -- 5.清除传送带物料准备好信号:'beltObjReady'
    sim.clearIntegerSignal('beltObjReady')
    -- 6.运动停止在这里,等待小车到位信号
    sim.waitForSignal('carPose0Ready')
    -- 7.将工件放置到小车函数,传入小车放置点句柄
    deliverCube(hCarLoadPose)
    -- 8.清除信号'carPose0Ready'
    sim.clearIntegerSignal('carPose0Ready')
end
```

装载机器人动作的脚本说明如下。

(1)装载机器人包含 3 个动作:等待传送带物料到位—抓取物料—放置物料到小车。这 3 个动作分别对应 3 个位置:等待位姿(waitPos、waitQuat)、抓取点位姿(gripPos)、放置点句柄(hCarLoadPose)(由该放置点句柄获取位姿)。

(2)机械臂运动到等待位置后,即执行完 backToWait(),开始执行等待信号量指令 sim. waitForSignal(' beltObjReady '),该指令将装载机械臂的脚本停止在该处,直到收到 ' beltObjReady'信号。这也是装载机械臂必须使用独立的线程脚本的原因。装载机器人抓取物料之后,要调用 sim. clearIntegerSignal()函数清除传送带物料准备好信号。

(3)抓取物料函数 gripCube(),装载机器人运动到抓取位置 gripPos,并获取来自传送带上部摄像头的姿态信息,以该位姿抓取物料。

### 7.3.3 卸载机器人动作

卸载机器人同样也是一个 UR5 机械臂,执行一个子线程脚本。机器人根据视觉系统的定位从小车上取出物料,再将物料按照顺序放到工作台上。主要流程控制脚本如下。

```
while true do
    -- 按照定义的位置放置工件。pos_table 是个数组,定义了放置点相对于工作台
上放置点 unloadPoint 的偏移量。
    for i = 1,#pos_table,1 do
        -- 回到等待位姿
        backToWait(_waitPos, waitQuat)
        -- 机器人停止运动,等待就位信号
        sim.waitForSignal('carPoseAReady')
        -- 等待小车稳定,等待一会再拍
        wait(6500)
        -- 抓取工件
        gripCube(unloadPos)
        -- 信号量置 0,以便下次使用
        sim.clearIntegerSignal('carPoseAReady')
        -- 回到等待位
        backToWait(_waitPos, waitQuat)
        -- 放置工件到工作台
        workPos = {startPos[1] + pos_table[i][1], startPos[2] + pos_table[i]
[2], startPos[3]}
        deliverCube(workPos, workQuat)
    end
end
```

卸载机器人动作的脚本说明如下。

(1) 卸载机器人包含 3 个动作:等待小车运输物料到位—抓取物料—放置物料到工作台。这 3 个动作分别对应 3 个位置:等待位姿(waitPos、waitQuat)、抓取点位姿(unloadPos)、放置点位姿(workPos、workQuat)。等待位姿是确定的,抓取点位姿由摄像头得到,放置点位姿从预设的放置点阵列中逐个获取。

(2) 卸载机器人运动到等待位置后,即执行完 backToWait(),开始执行等待信号量指令 sim.waitForSignal('carPoseAReady'),该指令将卸载机器人的脚本停止在该处,直到收到'carPoseAReady'信号。这也是卸载机械臂必须使用独立的线程脚本的原因。卸载机器人抓取物料之后,要调用 sim.clearIntegerSignal()函数清除传送带物料准备好信号。

(3) 等待若干秒,待小车稳定后,调用抓取物料函数 gripCube()中获取摄像头得到的物料位置和姿态信息,卸载机器人以该位姿抓取物料。

# 7.4　传送带设置及脚本

传送带绑定一个非线程脚本,与仿真设置的频率同步刷新。脚本每次执行时,传送带按照设置速度运行,读取接近觉传感器(ConveyorBelt_sensor)检测结果,若未检测到物体,则

按心跳频率生成随机朝向的物块,物块掉落到传送带;若检测到物体,传送带停止运动,并等待至该物料被机器人取走。当物料被机器人取走后,接近觉传感器检测不到物料,传送带继续运行。传送带对象设置如图 7-4 所示。

## 7.4.1 传送带速度

为了动态地显示传送带运输物料的效果,传送带速度仿真分为以下两个部分。

(1) 传送带隔板仿真:将各个隔板设为各个标记点的子对象,标记点又成为路径的子对象,控制路径的运动,实现隔板的运动。但是隔板是静态且非响应的。

图 7-4　传送带对象设置

(2) 传送带承载体运动仿真:传送带隔板仅具有显示效果,无法承载物体,因此,使用额外的动态可响应的对象 ConveyorBelt_forwarder 来承载物体,移动该对象,将产生与移动物料相同的效果。

图 7-5 展示了传送带隔板及承载体。

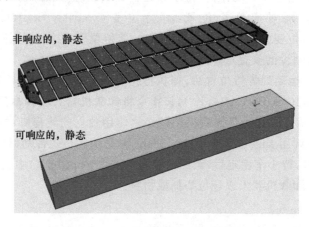

图 7-5　传送带隔板及承载体

本例使用了模型库中有用户参数设置对话框的传送带(后缀带有 efficient),可以通过单击传送带对象右边的按钮▥,打开传送带速度设置对话框,如图 7-6 所示。

获取传送带速度参数的脚本如下。

图 7-6 传送带速度设置

```
-- 从脚本对象对话框获取仿真参数
beltVelocity = sim. getScriptSimulationParameter ( sim. handle _ self,"
conveyorBeltVelocity")
```

传送带运动的主要脚本如下。

```
function sysCall_actuation()
  -- 从脚本对象对话框获取仿真参数
  beltVelocity = sim. getScriptSimulationParameter ( sim. handle _ self,"
conveyorBeltVelocity")
  -- 获取仿真时间步长
  local dt = sim.getSimulationTimeStep()
  -- 获取路径当前位置
  local pos = sim.getPathPosition(hPath)
  -- 按照速度,计算新的路径位置
  pos = pos + beltVelocity * dt
  -- 设置路径位置,即隔板运动速度
  sim.setPathPosition(hPath,pos)
  relativeLinearVelocity = {beltVelocity,0,0}
  -- 重置对象
  sim.resetDynamicObject(hForwarder)
  -- 计算速度
  matrixForwarder = sim.getObjectMatrix(hForwarder,-1)
  matrixForwarder[4] = 0 -- Make sure the translation component is discarded
  matrixForwarder[8] = 0 -- Make sure the translation component is discarded
  matrixForwarder[12] = 0 -- Make sure the translation component is discarded
  -- 矩阵 * 向量,结果为 3 * 1 向量
```

```
        absoluteLinearVelocity    =    sim. multiplyVector  ( matrixForwarder,
relativeLinearVelocity)
    --设置传送带承载物料的运动速度
    sim.setObjectFloatParameter(hForwarder,sim.shapefloatparam_init_velocity_x,
absoluteLinearVelocity[1])
    sim.setObjectFloatParameter(hForwarder,sim.shapefloatparam_init_velocity_y,
absoluteLinearVelocity[2])
    sim.setObjectFloatParameter(hForwarder,sim.shapefloatparam_init_velocity_z,
absoluteLinearVelocity[3])
```

脚本说明如下。

（1）设置路径的运动速度即相当于设置机器人运动目标点运动。

（2）每次设置 ConveyorBelt_forwarder 的速度之前，需要调用 sim. resetDynamicObject（）重置对象。

（3）因为 ConveyorBelt_forwarder 在场景中摆放的位姿是随机的，所以使用矩阵与向量乘法获得新的位置。

## 7.4.2　物块生成

在场景中放置一个原始物块"exampleObj"，其他物块由该对象定期复制生成，生成点由脚本控制，位于传送带上方，掉落到传送带的姿态是随机的。物块生成过程如图 7-7所示。

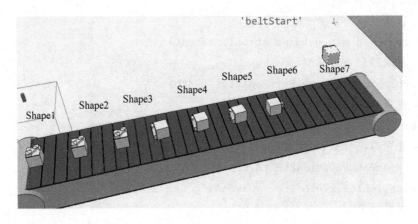

图 7-7　物块生成

物块生成的主要脚本如下。

```
function sysCall_init()
    -- 物块生成心跳
    tick = 0
    -- 物块句柄
```

```
    hObj = sim.getObjectHandle("exampleObj")
    -- 工件数组
    block_handle = {hObj}
    ......
  end
  function sysCall_actuation()
    -- 从脚本对象对话框获取仿真参数
    beltVelocity = sim.getScriptSimulationParameter(sim.handle_self,"
conveyorBeltVelocity")
    if (beltVelocity > 0) then
      tick = tick + 1
      -- 每 40 个 tick,生成一个物块
      if tick == 40 then
        -- 复制原始物块
        copy = sim.copyPasteObjects(block_handle,2)
        sim.setObjectName(copy[1],'shape'..counter)
        -- 获取物块放置点的旋转矩阵
        local matrix =
sim.getObjectMatrix(sim.getObjectHandle('beltStart'),-1)
        -- 获取随机姿态,修改旋转矩阵
        ......
        -- 将复制的物块投放到起始点处
        sim.setObjectMatrix(copy[1],-1,matrix)
        -- 计数器加 1
        counter = counter + 1
        -- 复位
        tick = 0
      end
    end
  end
end
```

物块生成的脚本说明如下。

(1) 每执行一次 sysCall_actuation(),tick 加 1,直到增加到 40,生成一个新物块。

(2) 在 sysCall_init()里赋初值,counter 用于记录生成的物块数量,同时用这个变量为新生成的物块命名。

(3) 复制出的物块位置由' beltStart '对象位置得到,姿态随机。

## 7.5　传送带视觉传感器设置及脚本

　　由传送带输送来的物料的摆放角度是随机的。当物料停止运动后,传送带视觉传感器拍摄物料的照片,分割出取物料对象,获取宽度和高度信息,并读取采样点的深度信息,计算出物料的位置和姿态,再将该位置和姿态数据发送给装载机器人。

　　计算物料位置和姿态的步骤如下。

　　(1) 图像传入工作空间:通过 simVision. sensorImgToWorkImg()函数来完成。

　　(2) 由颜色来分割当前图片:通过 simVision. selectiveColorOnWorkImg()函数来完成。

　　(3) 获取连通区域。传送带视觉传感器拍摄到的物料图像经过提取连通区域和 simVision. blobDetectionOnWorkImg()函数处理后,得到的图像如图 7-8 所示。

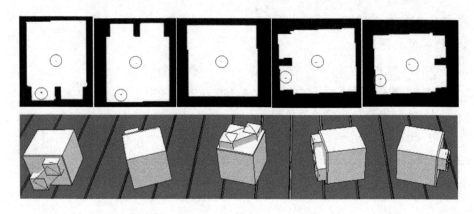

图 7-8　传送带视觉传感器得到的连通区域图像(内、外、上、左、右)

　　(4) 提取连通区域信息,包括:连通区域的姿态、连通区域边界框的宽度和高度、连通区域中间坐标值、连通区域中心点的深度值等。因为本例中的物料较为规则,通过连通区域的姿态信息可以得到物料的姿态,但是无法判断出朝向。

　　(5) 进行连通区域的姿态朝向判断。为了判断朝向,根据物料上部的形状特点,增加一个采样点,用这个采样点的深度信息结合连通区域边界框信息进行姿态判断。判断方法如下。①若连通区域边界框的宽度和高度相差不大,则说明物料向上。②若连通区域边界框的宽度小于高度,则代表向内或向外;若采样点的深度小于连通区域中心点深度值,则代表向内,否则向外。③若连通区域边界框的宽度大于高度,则代表向左或向右;若采样点的深度小于连通区域中心点深度值,则代表向左,否则向右。

　　传送带视觉传感器 loadCam 的脚本主要内容如下。

```
function sysCall_vision(inData)
    -- 是否检测到图像的标志位
    local flag_ProcessData = false
    -- 存放图像数据数组
```

```
    local packet = {}
    -- 图像数据句柄
    local hCamData = inData.handle
    -- 图像传入工作空间
    simVision.sensorImgToWorkImg(hCamData)
    -- 由颜色来分割当前图片
    -- {1,1,1} nominalColor:要选择的颜色,白色
    -- {0.15，0.15，0.15} colorTolerance:颜色容差
    -- true rgbSpace:空间
    -- true keepColor:保持选择的颜色
    -- true toBuffer1:复制到 Buffer1
    simVision.selectiveColorOnWorkImg(hCamData, {1,1,1}, {0.15, 0.15, 0.15},
true,true,false)
    -- 检测连通区域,Blob 指图像中的一块连通区域
    -- ans:保存返回连通区域的数据信息:连通区域数量;每个连通区域的信息
    local _, ans = simVision.blobDetectionOnWorkImg(hCamData, 0.1, 0, false)
    -- 解包
    packet = sim.unpackFloatTable(ans)
    -- packedPacket: a packed packet (use sim. unpackFloatTable to unpack)
containing:
    -- 1) the number of detected blobs
    -- 2) the number of values returned for each blob
    -- then for each blob:
    -- c.3) the blob relative size
    -- c.4) the blob orientation
    -- c.5) the blob relative position X
    -- c.6) the blob relative position Y
    -- c.7) the blob bounding box relative width 边界框宽度
    -- c.8) the blob bounding box relative height 边界框高度
    -- 根据帧的定义来判断数据是否有效
    if #packet == packet[2] + 2 then -- the detection is safe
        flag_ProcessData = true
    end
    -- 若有效
    if flag_ProcessData then
        -- 提取连通区域大小
        blobSize = packet[3]
        -- 连通区域的姿态
        blobOrientation = packet[4]
```

```
            -- 提取连通区域边界框的宽度和高度
            blobDimension = {packet[7] * iResolution[1], packet[8] * iResolution
[2]}
            -- 提取连通区域中间位置,x,y
            blobCenter = {packet[5] * iResolution[1], packet[6] * iResolution[2]}
            -- 提取连通区域的位置,根据连通区域的中间位置和尺寸,计算连通区域的位
置-顶点
            blobPosition = {packet[5] * iResolution[1] - blobDimension[1]/2,
packet[6] * iResolution[2] - blobDimension[2]/2}
        else
            return 0
        end
        -- 复制工作空间到传感器空间
        simVision.workImgToSensorImg(hCamData)
        -- 抓取方向的四元数
        local fGripQuat = {}
        -- 获取连通区域中心点的深度值
        fCenterDepth = sim.getVisionSensorDepthBuffer(hCamData,blobCenter[1],
blobCenter[2],1,1)
        -- 宽度和高度差不多,接近相等,表示工件朝上
        -- 头在上面
        if math.abs(blobDimension[1] - blobDimension[2]) < 2 then
            fGripQuat = {0, 0, -math.sqrt(2)/2, math.sqrt(2)/2}--{0,0,-0.707,
0.707}
        else
            local width = blobDimension[1]
            local height = blobDimension[2]
            if width < height then
                -- 返回指定区域的深度值。
                -- 1,1:区域大小
                -- 采样点区域位置,左下:blobCenter[1] - blobDimension[1]/4,
blobCenter[2] - blobDimension[2]/2.5:
                    fSamplePointDepth = sim.getVisionSensorDepthBuffer(hCamData,
blobCenter[1] - blobDimension[1]/6,blobCenter[2] - blobDimension[2]/2.5,1,1)
                if math.abs(fCenterDepth[1] - fSamplePointDepth[1]) < 0.01 then
                    -- 头在后面
                    fGripQuat = {0, -math.sqrt(2)/2, 0, math.sqrt(2)/2}
                    printThis("lay behind")
                else
```

```
                    -- 头在前面
                    fGripQuat = { - math.sqrt(2)/2, 0, - math.sqrt(2)/2, 0}
                    printThis("lay front")
                end
            else
                 fSamplePointDepth = sim.getVisionSensorDepthBuffer(hCamData,
blobCenter[1] - blobDimension[1]/2.5,blobCenter[2] - blobDimension[2]/4,1,1)
                -- 头在右侧
                if math.abs(fCenterDepth[1] - fSamplePointDepth[1]) < 0.01 then
                    fGripQuat = {0.5,0.5,0.5, - 0.5}
                else
                    -- 头在左侧
                         fGripQuat = {0.5, - 0.5,0.5,0.5}
                    end
                end
            end
            -- 保存数据
            sim.writeCustomDataBlock(hCamData,'data', sim.packTable(fGripQuat))
        end
```

# 7.6　卸载机器人视觉传感器设置及脚本

卸载机器人视觉传感器用于向卸载机器人提供准确的物料位置和姿态信息,以便卸载机器人以准确的姿态抓取物块。

获取每一帧图像,通过区域分割、光斑检测获取到物块的二值图像;然后结合键槽(图中的凸起和凹槽)的深度信息计算图像的图像矩,从而映射到手爪的朝向中去,进而使手爪能够精确地抓取到物块。

计算物料位置和姿态的步骤如下。

(1) 图像传入工作空间:通过 simVision.sensorImgToWorkImg()函数来实现。

(2) 由颜色来分割当前图片:通过 simVision.selectiveColorOnWorkImg()函数来实现。

(3) 获取连通区域。卸载机器人视觉传感器拍摄到的物料图像经过提取连通区域和 simVision.blobDetectionOnWorkImg()函数处理后得到连通区域信息,包括:连通区域的姿态、连通区域中间坐标值等。因为本例中的物料装载到移动小车上的姿态都是一致向上的,所以通过连通区域的姿态信息可以得到物料的姿态。

卸载机器人视觉传感器 unloadCam 的脚本主要内容如下。

```
function sysCall_vision(inData)
    -- 是否检测到图像的标志位
    local flag_ProcessData = false
    -- 存放图像数据数组
    local packet = {}
    -- 数据句柄
    local hCamData = inData.handle
    -- 图像从传感器空间复制到工作空间
    simVision.sensorImgToWorkImg(hCamData)
    -- 从工作空间中选择白色{1,1,1},容差{0.15, 0.15, 0.15}
    simVision.selectiveColorOnWorkImg(hCamData, {1,1,1}, {0.15, 0.15, 0.15},
true,true,false)
    -- 检测连通区域,Blob 指图像中的一块连通区域
    -- ans:保存返回连通区域的数据信息;连通区域数量;每个连通区域的信息
    local _, ans = simVision.blobDetectionOnWorkImg(hCamData, 0.1, 0, false)
    -- 解包
    packet = sim.unpackFloatTable(ans)
    -- packedPacket: a packed packet (use sim.unpackFloatTable to unpack)
containing:
    -- 1) the number of detected blobs
    -- 2) the number of values returned for each blob
    -- then for each blob:
    -- c.3) the blob relative size
    -- c.4) the blob orientation
    -- c.5) the blob relative position X
    -- c.6) the blob relative position Y
    -- c.7) the blob bounding box relative width 边界框宽度
    -- c.8) the blob bounding box relative height 边界框高度
    -- 根据帧的定义来判断数据是否有效
    if #packet == packet[2] + 2 then -- the detection is safe
        flag_ProcessData = true
    end
    -- 若有效
    if flag_ProcessData == true then
        -- 连通区域的大小
        blobSize = packet[3]
        -- 连通区域的姿态,换算成角度
        blobOrientation = packet[4] * 180/math.pi
        -- 旋转 -90 度
```

```
        if blobOrientation > 0 then
            blobOrientation = -90 + blobOrientation
        end
        -- 获取连通区域的位置,在连通区域中心点
        blobCenter = {packet[5] * iResolution[1], packet[6] * iResolution[2]}
    else
        return 0
    end
    -- 打包数据到'data':x,y,rotate
    local data = {iCam_pos[1] - (blobCenter[2]/iResolution[2] - 0.5) * iCam_
width, iCam_pos[2] + (blobCenter[1]/iResolution[1] - 0.5) * iCam_width,
blobOrientation * math.pi/180}
    sim.writeCustomDataBlock(hCamData, 'data', sim.packFloatTable(data))
end
```

## 7.7　移动小车设置及脚本

移动小车主要由 4 个麦克纳姆轮(typeA1、typeA3、typeB2、typeB4)、车体(carBody)、小车目标点(m_carTargetPose)、小车基准点(m_carRefPose)、装载点(m_carLoadPose)、负载传感器(m_carLoadSensor)等组成,结构如图 7-9 所示。

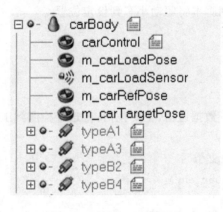

图 7-9　移动小车结构

根据控制的层次不同,移动小车由两部分脚本来控制。

(1) 移动小车(carBody)的线程脚本:用于根据搬运目标设置移动小车行驶目标点(m_carTargetPose)的位姿。

(2) 标记点(carControl)的非线程脚本:用于移动小车本体控制,通过 PID 控制策略控制车轮速度,使小车的参考点(m_carRefPose)接近小车行驶目标点(m_carTargetPose)。

移动小车(carBody)脚本主要内容如下。

```
--描述:小车行为控制脚本
function actuation()
--1.若移动小车在 pose0 点,且装载了物料,移动到下一点,poseA
sim.setObjectPosition(hVehicleTarget,hCarPoseA,{0,0,0})
sim.setObjectOrientation(hVehicleTarget,hCarPoseA,{0,0,0})
--若移动小车在 pose0 点,且没有装载物料,发送就位信号,等待机器人装载
sim.setIntegerSignal('carPose0Ready', 1)
--若移动小车在 poseA 点,且装载了物料,发送就位信号,等待机器人卸载
sim.setIntegerSignal('carPoseAReady', 1)
--若移动小车在 poseA 点,且没有装载物料,回到起始点 pose0
sim.setObjectPosition(hVehicleTarget,hCarPose0,{0,0,0})
sim.setObjectOrientation(hVehicleTarget,hCarPose0,{0,0,0})
function sensing()
-- 获取小车车体负载对象传感器的检测结果
iCarLoadSensorState = sim.handleProximitySensor(hCarLoadSensor)
--获取小车位置
judgeCarPose(hCarPose0)
```

移动小车的脚本说明如下。

(1) 将检测物料和小车位置的内容放置于 sensing()函数,将控制小车运行的内容放置于 actuation()函数。

(2) 预定义 hCarPoseA、hCarPose0 等点,根据状态,设置 hVehicleTarget 的位姿到这些预定义点。小车车体控制脚本将驱动小车到设定位置。

# 7.8　信号量脚本

本例中使用信号量进行数据通信,主要包括:传送带检测到工件,发送信号,机器人收到信号,进行抓取。

```
-- 描述:传送带脚本,发送信号
function sysCall_actuation()
-- 当检测到工件,发送信号
  if (sim.readProximitySensor(hSensor)> 0) then
    sim.setIntegerSignal('beltObjReady', 1)
    -- printThis("sig - setIntegerSignal beltObjReady")
  End
-- 描述:小车行为控制脚本,发送信号
if strCarLoadState == "pose0" then
      -- 发送小车到位置 0 信号
```

```
        sim.setIntegerSignal('carPose0Ready', 1)
elseif strCarPose == "poseA" then
        -- 发送小车到位置 1 信号
        sim.setIntegerSignal('carPoseAReady', 1)
end
-- 描述:装载机器人脚本,接收信号
function sysCall_threadmain()
    while true do
    -- 1.回到预备姿态
    backToWait(waitPos, waitQuat)
    -- 2.等待工件到位信号,收到信号才继续运行
        sim.waitForSignal('beltObjReady')
    -- 3.取工件
    gripCube(gripPos)
    -- 4.回到预备位姿
    backToWait(waitPos, waitQuat)
    -- 5.清除工件到位信号
    sim.clearIntegerSignal('beltObjReady')
    -- 6.运动停止在这里,等待小车到位置 0 信号,收到信号才继续运行
    sim.waitForSignal('carPose0Ready')
    -- 7.小车到位置 0,将工件放置到小车上
    deliverCube(hCarLoadPose)
    -- 8.清除小车到位置 0 信号
    sim.clearIntegerSignal('carPose0Ready')
end
```

# 7.9　本章小结

　　本章内容是 CoppeliaSim 的基础知识和基本操作的综合应用,搭建了车-臂复合型机器人视觉抓取场景,首先,对协作机器人的逆解组进行了设置,并通过移动机器人目标点来控制机器人运动;其次,介绍了传送带及物块的控制;再次,介绍了传送带视觉传感器和卸载视觉传感器的脚本实现;最后,介绍了移动小车和信号量脚本的实现。

# 第 8 章 CoppeliaSim 二次开发接口

CoppeliaSim 提供了远程 API 来接收来自外部应用程序的仿真指令,该功能的引入,将 CoppeliaSim 与其他科学计算工具或系统紧密地连接在一起,极大地扩展了 CoppeliaSim 的应用范围。到目前为止,有两个 API 版本,第一版本的 API 官方已不推荐使用,本书介绍的是第二版本的基于 B0 的远程 API(The B0-based remote API)。

图 8-1 展示了在一个实际的机器人运动过程中使用 CoppeliaSim 进行工业机器人控制器研发的案例。在本案例中,CoppeliaSim 与工业机器人控制器通信,以 0.2 s 的周期同步获取机器人控制器的控制指令与机器人编码器反馈值,CoppeliaSim 同步显示机器人实际的运动轨迹和机器人控制器发出的指令。

图 8-1 CoppeliaSim 仿真应用

## 8.1 远程 API 函数及调用机制

CoppeliaSim 提供了约 120 个远程 API 函数和约 30 个 API 常量用来与 CoppeliaSim 仿真场景交互。这些函数在 C++、Python、MATLAB、Lua 均使用相同的函数名和类似的参数。通过"Get"前缀的函数从 CoppeliaSim 服务端获取数据,通过"Set"前缀的函数将客户端数据发送到 CoppeliaSim 服务端。数据可以是 CoppeliaSim 的内置类型数据,比如

Postion、Velocity 等，也可以是用户自定义的数据，客户端打包（pack）这些数据，CoppeliaSim 服务端对其进行解包（unpack），具体函数和常量的使用请在使用时查阅帮助文档。若这些 API 函数无法满足需要，还可以通过函数 simxCallScriptFunction（）调用 CoppeliaSim 脚本里的函数。

客户端的远程 API 函数使用套接字（socket）与 CoppeliaSim 服务器通信：客户端发送请求，等待服务器处理请求并返回。因此，远程 API 函数与常规 API 函数在使用时有两个主要区别：①大多数远程 API 函数需要两个参数，即操作模式（operationMode）和 clientID。②大多数远程 API 函数都有返回值，该返回值是按位编码的。

远程 API 操作模式有以下 4 种。

（1）阻塞调用（Blocking function calls）模式：simx_opmode_blocking。一直等到该语句收到服务器返回信息，速度慢。

（2）非阻塞调用（Non-blocking function calls）模式：simx_opmode_oneshot。数据发出去之后就开始执行后面的语句，不管服务器是否收到。

（3）数据流（Data streaming）模式：simx_opmode_streaming，非阻塞模式；simx_opmode_buffer，从缓存中提取数据；simx_opmode_discontinue，停止数据流模式。

（4）同步操作（Synchronous operation）模式。

## 8.1.1　阻塞调用模式

阻塞调用模式常用于需要等待服务器返回才可以继续执行的情况。例如获取对象句柄的函数，需要使用阻塞调用模式，后续语句只有得到对象的句柄才可以继续执行，否则执行报错：

```
if (simxGetObjectHandle(clientID, "myJoint", &jointHandle, simx_opmode_
blocking) == simx_return_ok)
{
    // here we have the joint handle in variable jointHandle!
}
```

阻塞调用模式执行的顺序如图 8-2 所示，远程客户端进程需要等待指令返回才会继续运行。

## 8.1.2　非阻塞调用模式

非阻塞调用模式将数据发送到 CoppeliaSim 后，不需要等待回复就可以继续运行，例如向 CoppeliaSim 场景发送设置关节位置指令：

```
simxSetJointPosition(clientID, jointHandle, jointPosition, simx_opmode_
oneshot);
```

程序将位置设置值发出去后就立刻执行后面的语句。倘若控制对象是机械臂，设置关节位置的指令使用阻塞调用模式 simx_opmode_blocking，那么仿真出来的效果将会是机械臂各关节存在较大的时延，不会在同一时刻运动到指定位置。

非阻塞调用模式的执行顺序如图 8-3 所示，远程客户端将指令发送给 CoppeliaSim 之

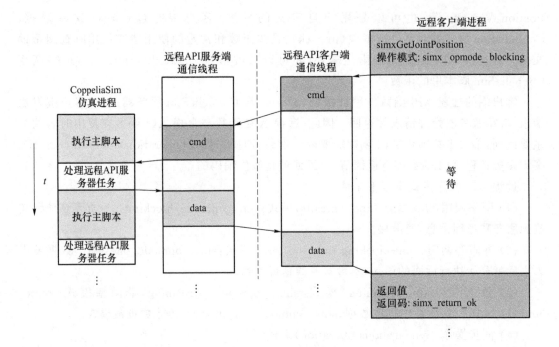

图 8-2　阻塞调用模式的执行顺序

后,就继续执行后面的指令,并不关心这个指令的结果。CoppeliaSim 服务端收到客户端的指令后,在下一周期执行处理远程 API 服务器任务的时候对该指令进行响应。

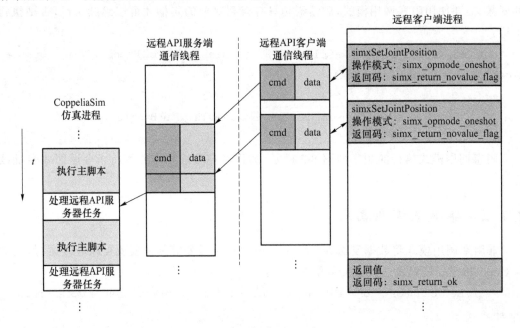

图 8-3　非阻塞调用模式的执行顺序

　　利用非阻塞函数和暂停通信线程,能够实现在同一条消息里发送多个数据。例如,同时发送机器人 3 个关节的数据到 CoppeliaSim 仿真环境,以实现 3 个关节的同步运动,如以下脚本所示。

```
//暂停通信
simxPauseCommunication(clientID,1);
//发送关节值
simxSetJointPosition ( clientID, joint1Handle, joint1Value, simx _ opmode _
oneshot);
simxSetJointPosition ( clientID, joint2Handle, joint2Value, simx _ opmode _
oneshot);
simxSetJointPosition ( clientID, joint3Handle, joint3Value, simx _ opmode _
oneshot);
//恢复通信
simxPauseCommunication(clientID,0);
```

### 8.1.3　数据流模式

　　CoppeliaSim 服务端提供了高效的数据流模式,该模式下 CoppeliaSim 服务器周期性地向客户端发送预设好的数据,客户端不会再发送请求帧,而是直接从缓存中获取数据,函数是非阻塞的。缓存随着服务器发送的数据而周期性地更新。数据流模式的主要脚本如下。

```
//进入数据流模式,本函数立刻返回,非阻塞:
simxGetJointPosition ( clientID, jointHandle, &jointPosition, simx _ opmode _
streaming);
//若已经建立连接
while (simxGetConnectionId(clientID)!= - 1)
{
    //获取关节值,本函数立刻返回,非阻塞
    if
(simxGetJointPosition ( clientID, jointHandle, &jointPosition, simx _ opmode _
buffer) == simx_return_ok)
    {
        // jointPosition 将是新的关节值
//判断关节值是否超限
if(jointPosition > 350)
{
//若超限,则退出数据流模式
simxGetJointPosition ( clientID, jointHandle, &jointPosition, simx _ opmode _
discontinue);
}
    }
    else
    {
```

```
        //启用数据流模式后,数据将在若干 ms 后返回。如果启用数据流模式后,程
序立刻执行到这里,并不代表程序出错
    }
}
```

数据流模式的有效范围仅是脚本中指定的对象,脚本中未指定的对象不进入该模式。

完成流数据传输后,远程 API 客户端程序要使用 simx_opmode_discontinue 操作模式来通知 CoppeliaSim 退出数据流模式,否则数据将持续传输,降低通信效率。

## 8.1.4 同步操作模式

同步操作模式下,远程 API 客户端周期性地发送启动仿真的指令,以使仿真进行一个周期,达到同步的效果。因为仿真全部由远程 API 控制,所以需要使用 simRemoteApi. start()函数启动仿真或修改配置文件 remoteApiConnections. txt 启动仿真。同步操作模式的执行流程如图 8-4 所示。

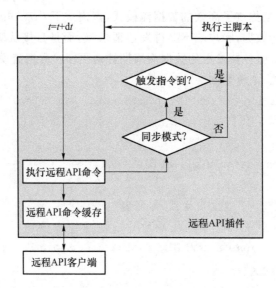

图 8-4  同步操作模式的执行流程

以下是同步操作模式的程序示例。

```
simxSynchronous(clientID,true);        //启动远程 API 同步操作模式,阻塞调用
simxStartSimulation(clientID,simx_opmode_oneshot);//启动仿真
simxSynchronousTrigger(clientID);      //触发第 1 个周期的仿真,阻塞调用
//第 1 个仿真周期执行
simxSynchronousTrigger(clientID);      //触发第 2 个周期的仿真,阻塞调用
//第 2 个仿真周期执行
```

## 8.2　CoppeliaSim 和 Visual C++ 通信

### 8.2.1　Visual Studio 2019 环境配置

Microsoft Visual Studio(以下简称"VS")是美国微软公司的开发工具包系列产品之一。VS 是一个完整的开发工具集,支持 C/C++、VB、Java、C♯编程。本书使用 Visual Studio 2019 与 CoppeliaSim 通信,接下来进行 Visual Studio 2019 环境的配置,具体步骤如下。

(1) 如图 8-5 所示,打开"配置管理器"对话框,新建 Win32 配置。

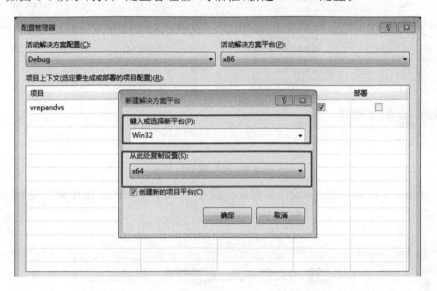

图 8-5　新建 Win32 配置

(2) 如图 8-6 所示,在菜单中选择"项目"→"配置属性"→"C/C++"→"常规"→"附加包含目录",添加以下 3 个路径:

① C:\Program Files\V-REP3\V-REP_PRO_EDU\programming\common;

② C:\Program Files\V-REP3\V-REP_PRO_EDU\programming\include;

③ C:\Program Files\V-REP3\V-REP_PRO_EDU\programming\remoteApi。

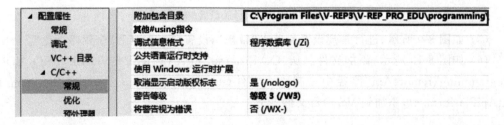

图 8-6　配置路径属性

（3）如图 8-7 所示，进行预处理器定义。执行"C/C++"→"预处理器"→"预处理器定义"，添加如下内容：

```
WIN32
NDEBUG
_CONSOLE
_LIB
_CRT_SECURE_NO_WARNINGS
MAX_EXT_API_CONNECTIONS = 255
NON_MATLAB_PARSING
DO_NOT_USE_SHARED_MEMORY
```

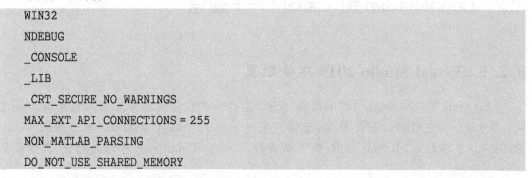

图 8-7　预处理器定义

（4）如图 8-8 所示，进行预编译头设置。执行"C/C++"→"预编译头"，设为"不使用预编译头"。

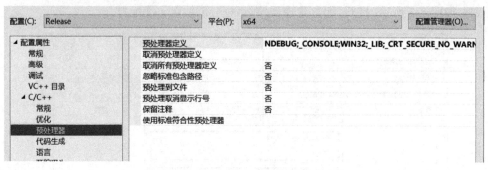

图 8-8　预编译头设置

（5）如图 8-9 所示，进行常规设置。单击"常规"，设置"字符集"和"全程序优化"。

（6）如图 8-10 所示，添加文件。从"C:\Program Files\V-REP3\V-REP_PRO_EDU\programming\remoteApi"路径中复制 4 个文件（extApi.h、extApi.c、extApiPlatform.h、extApiPlatform.c），添加到 VS 项目文件夹下。

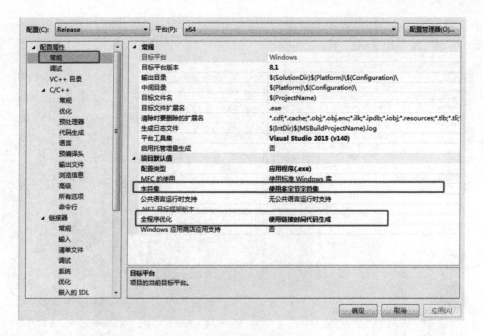

图 8-9　常规设置

图 8-10　添加文件

## 8.2.2　CoppeliaSim 环境配置

为便于演示效果,使用 ABB IRB 140. ttm 模型进行仿真测试。CoppeliaSim 环境的配置步骤如下。

(1) 打开 CoppeliaSim 软件,把 ABB IRB 140. ttm 模型拖到场景中,如图 8-11 所示。

(2) 如图 8-12 所示,双击"脚本"图标,弹出脚本编辑框。

(3) 如图 8-13 所示,在 function sysCall_init() 函数中添加 simExtRemoteApiStart (3000)。"3000"表示 CoppeliaSim 对外通信开放的端口号。端口号可以修改,但是 VS 和

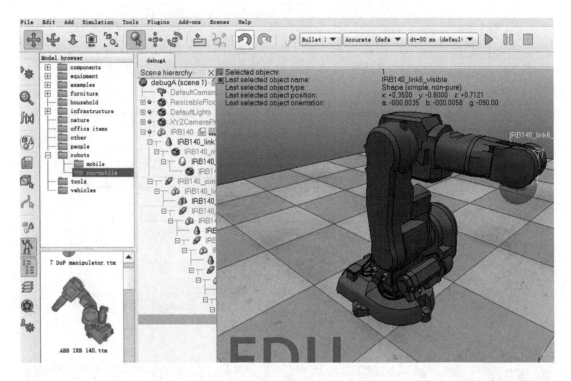

图 8-11　选择 ABB IRB 140.ttm 模型

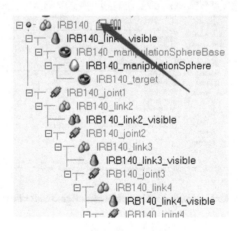

图 8-12　打开脚本编辑框

CoppeliaSim 的端口号保持一致。

```
function sysCall_init()
    simExtRemoteApiStart(3000)
    --Prepare initial values and retrieve handles:
    irb140=sim.getObjectHandle('IRB140')
    tip=sim.getObjectHandle('IRB140_tip')
    targetSphere=sim.getObjectHandle('IRB140_manipulationSphere')
    targetSphereBase=sim.getObjectHandle('IRB140_manipulationSphereBase')
    armJoints={-1,-1,-1,-1,-1,-1}
```

图 8-13　启动通信

## 8.2.3　Visual Studio 2019 与 CoppeliaSim 通信实现

在 VS 中编写如下代码，先启动 CoppeliaSim 软件并开始仿真，再启动 VS，即可实现通信。

```
#include <stdio.h>
#include <stdlib.h>
#include <iostream>
#include <windows.h>
#include <math.h>
    extern "C" {
#include "extApi.h"
        //告诉 C++编译器,<extApi.h>按照 C 的方式进行编译
    }
int main(int argc, char * argv[])
{

        using namespace std;
        int clientIDA = simxStart("127.0.0.1", 3000, 1, 1, 1000, 5);
        simxInt Revolute_joint_1;//设置一个变量存储关节句柄
        simxFloat pose;//设置一个变量存储关节当前角度
        if (clientIDA != -1)
        {
            //获取关节 1 当前角度
            if (simxGetObjectHandle(clientIDA, "IRB140_joint1", &Revolute_
joint_1, simx_opmode_blocking) == simx_return_ok)//获得关节句柄
            {
                cout << "Successfully got joint handle." << endl;
                // 获取关节 1 当前角度
                 simxGetJointPosition(clientIDA, Revolute_joint_1, &pose,
simx_opmode_blocking);
                cout << "关节 1 当前角度为：" << pose * RAD2EDG << endl;
            }
            else
            {
                Cout <<"Geting object handle failed." << endl;
            }
        }
```

# 8.3 CoppeliaSim 和 Python 通信

Python 作为重要的操作深度学习框架的工具，随着人工智能的发展得到了广泛的应用。Python 的使用能够将 CoppeliaSim 仿真与人工智能方便地结合在一起。

## 8.3.1 CoppeliaSim 环境配置

在 CoppeliaSim 场景中添加立方体对象 Cuboid（如图 8-14 所示），在添加脚本中增加启动远程 API 通信的函数：

```
function sysCall_init()
    simRemoteApi.start(19997)
end
```

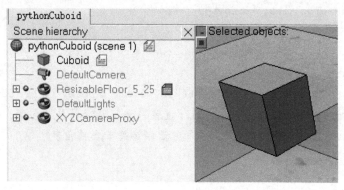

图 8-14　CoppeliaSim 场景

## 8.3.2 Python 环境配置

要在 Python 程序中使用 CoppeliaSim 远程 API 功能，需要将以下 3 个文件复制到 Python 项目文件夹中：

① sim.py；

② simConst.py；

③ remoteApi.dll(Windows)、remoteApi.dylib(Mac OS)或 remoteApi.so(Linux)。

其中，前两个文件（py 文件）位于 CoppeliaSim 的安装目录中，位于"programming/remoteApiBindings/python/python"下，如图 8-15 所示。第 3 个文件（库文件）位于"programming\remoteApiBindings\lib\lib\Windows"下，如图 8-16 所示。

复制完成后，Python 项目目录如图 8-17 所示。

core (C:) › Program Files › CoppeliaRobotics › CoppeliaSimEdu › programming › remoteApiBindings › python › python

| 名称 | 修改日期 | 类型 | 大小 |
|---|---|---|---|
| complexCommandTest.py | 2019/11/12 14:25 | Python 源文件 | 3 KB |
| depth_image_encoding.py | 2019/11/12 14:25 | Python 源文件 | 9 KB |
| pathPlanningTest.py | 2019/11/12 14:25 | Python 源文件 | 12 KB |
| pController.py | 2020/1/10 16:30 | Python 源文件 | 5 KB |
| ply.py | 2019/11/12 14:25 | Python 源文件 | 3 KB |
| readMe.txt | 2019/11/12 14:25 | 文本文档 | 1 KB |
| sendMovementSequence-mov.py | 2020/6/16 6:18 | Python 源文件 | 5 KB |
| sendMovementSequence-pts.py | 2020/6/16 6:18 | Python 源文件 | 11 KB |
| sendSimultan2MovementSequences-... | 2020/6/16 6:18 | Python 源文件 | 8 KB |
| sim.py | 2020/1/10 16:30 | Python 源文件 | 71 KB |
| simConst.py | 2019/11/12 14:25 | Python 源文件 | 43 KB |
| simpleSynchronousTest.py | 2019/11/12 14:25 | Python 源文件 | 3 KB |
| simpleTest.py | 2019/11/12 14:25 | Python 源文件 | 3 KB |
| synchronousImageTransmission.py | 2020/1/10 16:30 | Python 源文件 | 4 KB |
| visualization.py | 2019/11/12 14:25 | Python 源文件 | 25 KB |

图 8-15　py 文件的位置

core (C:) › Program Files › CoppeliaRobotics › CoppeliaSimEdu › programming › remoteApiBindings › lib › lib › Windows

| 名称 | 修改日期 | 类型 | 大小 |
|---|---|---|---|
| remoteApi.dll | 2020/1/10 16:30 | 应用程序扩展 | 76 KB |

图 8-16　库文件位置

> **pythonProject5** C:\Users\Administr
> > **venv** library root
> > main.py
> > remoteApi.dll
> > sim.py
> > simConst.py
> > **External Libraries**
> > Scratches and Consoles

core (C:) › Users › Administrator › PycharmProjects › pythonProject5 ›

| 名称 | 修改日期 | 类型 |
|---|---|---|
| .idea | 2021/11/1 20:21 | 文件夹 |
| __pycache__ | 2021/11/1 19:31 | 文件夹 |
| venv | 2021/11/1 19:19 | 文件夹 |
| main.py | 2021/11/1 20:14 | Python 源文件 |
| remoteApi.dll | 2020/1/10 16:30 | 应用程序扩展 |
| sim.py | 2020/1/10 16:30 | Python 源文件 |
| simConst.py | 2019/11/12 14:25 | Python 源文件 |

图 8-17　Python 项目目录

## 8.3.3　Python 程序

Python 与 CoppeliaSim 通信的流程如下：

① 调用 import sim 加载库；

② 利用 sim. simxStart()建立客户端；

③ 调用以"simx"为前缀的 CoppeliaSim 远程 API 函数；

④ 停止仿真——sim. simxFinish()。

本例的目标是实现对 CoppeliaSim 场景中的立方体对象坐标值的输出,Python 程序
如下：

```
        #导入 CoppeliaSim 库
import sim
import time
# 关闭之前的连接
sim.simxFinish(-1)
# 获得客户端 ID
clientID = sim.simxStart('127.0.0.1', 19997, True, True, 5000, 5)
print("Connection success")


if clientID!=-1:
    print ('Connected to remote API server')


# 启动仿真
sim.simxStartSimulation(clientID, sim.simx_opmode_blocking)
print("Simulation start")


# 使能同步模式
sim.simxSynchronous(clientID,True)
# 获得对象的句柄
ret, targetObj = sim.simxGetObjectHandle(clientID,'target', sim.simx_opmode_
blocking)
while True:
    # 获得对象的位置,并输出
    ret, arr = sim.simxGetObjectPosition(clientID, targetObj, -1, sim.simx_
opmode_blocking)
    if ret == sim.simx_return_ok:
        print(arr)
    time.sleep(2)
# 退出
sim.simxFinish(clientID)
print('Program end')
```

先启动 CoppeliaSim 软件并开始仿真,再启动 Python,即可实现二者之间的通信。手动移动 CoppeliaSim 场景中的立方体对象,可以看到 Python 输出栏中立方体坐标值的变化,如图 8-18 所示。

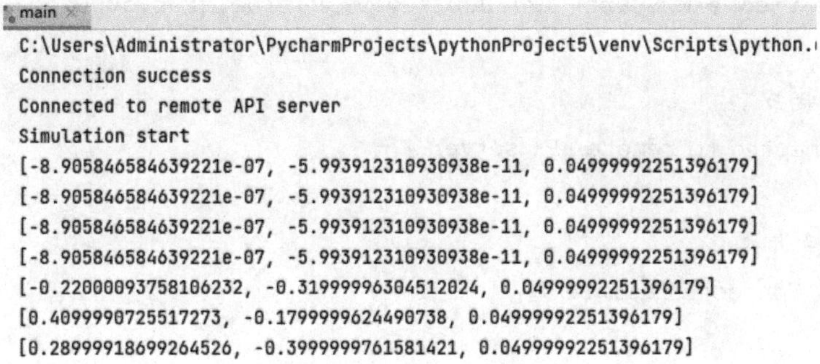

图 8-18　Python 输出

# 8.4　CoppeliaSim 和 MATLAB 通信

## 8.4.1　MATLAB 环境配置

CoppeliaSim 和 MATLAB 通信时，MATLAB 的环境配置可参见 1.6 节的有关内容。

## 8.4.2　脚本编写

CoppeliaSim 端与 MATLAB 通信的主要脚本仅需要一行启动远程服务语句：

```
--在初始化模块中编写
Function sysCall_init()
    simRemoteApi.start(19999)
end
```

或按照旧版 VREP 编程习惯写为：

```
If (sim_call_type == sim.syscb_init) then
    simRemoteApi.start(19999)
    --其他初始化脚本
end
```

MATLAB 客户端 m 文件的核心代码如下：

```
% 加载库(remoteApiProto.m)
vrep = remApi('remoteApi');
% 关闭所有连接,连接复位
vrep.simxFinish(-1);
% 建立连接。第 1 个参数是 CoppeliaSim 服务端的 IP 地址;第 2 个参数是端口号;第 3
个参数表示此时等待连接成功或超时(block 函数调用);第 4 个参数表示一旦连接失败,不
再重复尝试连接;第 5 个参数是超时时间设定(毫秒);第 6 个参数是数据包通信频率,默认
为 5ms。返回值是当前 Client 的 ID,如果是 -1,表示未能连接成功。%}
```

```
clientID = vrep.simxStart('127.0.0.1',19999,true,true,5000,5);if (clientID >
-1)
      % 连接成功
disp('Connected to remote API server');
Else
      % 连接失败
      disp('Connecte failure');
end
```

连接成功之后,就可以调用 CoppeliaSim 提供的相关 API 函数了。

先运行 CoppeliaSim 仿真,再运行 MATLAB 的 *.m 文件,即可看到仿真效果。MATLAB 将有打印信息输出。CoppeliaSim 提供了简单 MATLAB 例程 simpleTest.m,位于 C 盘下的 CoppeliaSim Api 文件夹。

### 8.4.3 通信示例

本通信示例实现了使用 MATLAB 程序对 CoppeliaSim 中移动小车的控制。特别注意的是,使用外部程序远程进行机器人多个关节速度的设置,要考虑通信及操作系统的时延,需要在发送数据前暂停通信,等数据准备好后,使用同步模式一起发送数据,以此来保证各关节数据同时到达。具体步骤如下。

(1) 如图 8-19 所示,在 CoppeliaSim 场景中添加 youBot 机器人,打开"Scripts"窗口,禁用 youBot 机器人自带脚本。

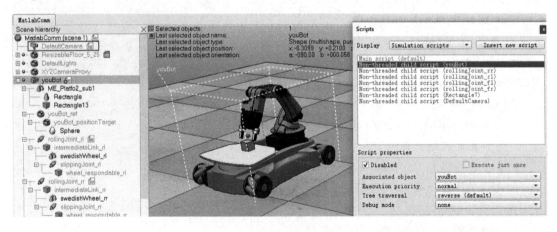

图 8-19 添加 youBot 机器人

(2) 在 CoppeliaSim 场景中新添加一个对象或选取现有对象,添加一个非线程脚本,本例选取的对象是 DefaultCamera。脚本完整内容如下:

```
Function sysCall_init()
    --开启外部通信端口
    simRemoteApi.start(19999)
end
```

（3）在 MATLAB 中编写 m 文件，内容如下：

```
function Youbot_control()
    % 加载库(remoteApiProto.m)
    vrep = remApi('remoteApi');
    % 关闭所有连接,连接复位
    vrep.simxFinish(-1);
    % 建立连接。第 1 个参数是 CoppeliaSim 服务端的 IP 地址;第 2 个参数是端口号;
    % 第 3 个参数表示此时等待连接成功或超时(block 函数调用);
    % 第 4 个参数表示一旦连接失败,不再重复尝试连接;
    % 第 5 个参数是超时时间设定(毫秒);第 6 个参数是数据包通信频率,默认为 5ms。
    % 返回值是当前 Client 的 ID,如果是-1,表示未能连接成功。
    clientID = vrep.simxStart('127.0.0.1',19999,true,true,5000,5);
    if (clientID>-1)
        % 连接成功
        disp('Connected to remote API server');
    else
        % 连接失败
        disp('Connecte failure');
    end
    % 开始仿真
    % 获取 vrep 场景对象句柄值
    [res,returnHandlefl] = vrep.simxGetObjectHandle(clientID,'rollingJoint_fl',
vrep.simx_opmode_blocking);
    [res,returnHandlerl] = vrep.simxGetObjectHandle(clientID,'rollingJoint_rl',
vrep.simx_opmode_blocking);
    [res,returnHandlerr] = vrep.simxGetObjectHandle(clientID,'rollingJoint_rr',
vrep.simx_opmode_blocking);
    [res,returnHandlefr] = vrep.simxGetObjectHandle(clientID,'rollingJoint_fr',
vrep.simx_opmode_blocking);
    % 设置速度初始值
    % 前进后退
    forwBackVel = 0.5
    % 左右转
    leftRightVel = 0.2
    % 旋转
    rotVel = 0
    % 显示对象句柄值
    disp(['returnHandlefl:',num2str(returnHandlefl)]);
    disp(['returnHandlerl:',num2str(returnHandlerl)]);
```

```
    disp(['returnHandlerr:',num2str(returnHandlerr)]);
    disp(['returnHandlefr:',num2str(returnHandlefr)]);
    % 设置为同步模式
    res = vrep.simxSynchronous(clientID, true);
    while true
        disp('loop in');
        % 更新速度之前暂停通信,以使速度更新值同时刷新,避免速度更新不同步的情
况出现
        res = vrep.simxPauseCommunication(clientID, true);
        % 更新速度,设置之后,速度值在启动通信后才生效
        vrep.simxSetJointTargetVelocity(clientID, returnHandlefl, - forwBackVel
- leftRightVel - rotVel,vrep.simx_opmode_oneshot);
        vrep.simxSetJointTargetVelocity(clientID, returnHandlerl, - forwBackVel
+ leftRightVel - rotVel,vrep.simx_opmode_oneshot);
        vrep.simxSetJointTargetVelocity(clientID, returnHandlerr, - forwBackVel
- leftRightVel + rotVel,vrep.simx_opmode_oneshot);
        vrep.simxSetJointTargetVelocity(clientID, returnHandlefr, - forwBackVel
+ leftRightVel + rotVel,vrep.simx_opmode_oneshot);
        % 更新速度之后重启通信,同时刷新 4 个速度值
        res = vrep.simxPauseCommunication(clientID, false);
        % 启动同步通信
        vrep.simxSynchronousTrigger(clientID);
        % t = t + timestep;
    end
    disp('Program ended');
end
```

## 8.5 CoppeliaSim 的串口操作

为了与硬件设备进行交互,CoppeliaSim 提供了串口操作函数,可以对串口进行打开、关闭和读写操作,相关串口操作函数如下。

① sim. serialCheck():返回串口待读取的字节数。

② sim. serialClose():关闭串口。

③ sim. serialOpen():打开串口。

④ sim. serialRead():读串口。

⑤ sim. serialSend():写串口。

使用串口之前,需要先用电脑的硬件管理器确认本机的端口号,并且使用其他串口测试软件测试,以保证串口的数据收发正常。之后,再运行如下脚本,该脚本能够实现串口数据

的收发。

```
function sysCall_init()
  --定义串口
  portNumber = "COM4"
  baudrate = 115200
  -- 打开串口
  serial = simSerialOpen(portNumber, baudrate)
end
function sysCall_actuation()
  -- 读串口.
  --string data = sim. serialRead(number portHandle, number dataLengthToRead,
Boolean blockingOperation, string closingString = '', number timeout = 0)
  local strData = simSerialRead(serial, 44, true, '', 1)
  visibleString = ''
  if strData ~ = nil then
    for i = 1, #strData, 1 do
    visibleString = visibleString.. string. format("%02X ", string. byte
(strData, i))
  end
  simAddStatusbarMessage(visibleString)
  simSerialSend(serial, 'OK')
  end
end
function sysCall_cleanup()
  -- 关闭串口
  simSerialClose(serial)
end
```

# 8.6　本章小结

　　本章介绍了 CoppeliaSim 常用的二次开发接口,首先对 CoppeliaSim 远程 API 函数及调用机制进行了介绍,以便理解远程 API 函数的工作逻辑;接着介绍了 CoppeliaSim 和 Visual C++、Python、MATLAB 等通信时的环境配置及脚本编写,并给出了基本示例程序;最后介绍了 CoppeliaSim 的串口操作。

# 参 考 文 献

［1］ 张铁,谢存禧.机器人学［M］.广州:华南理工大学出版社,2001.

［2］ 杨辰光,李智军,许扬.机器人仿真与编程技术［M］.北京:清华大学出版社,2018.

［3］ 蔡自兴.机器人学［M］.北京:清华大学出版社,2000.

［4］ 凯文·M.林奇,朴钟宇.现代机器人学:机构、规划与控制［M］.于靖军,贾振中,译.北京:机械工业出版社,2020.

［5］ 刘金琨.机器人控制系统的设计与 MATLAB 仿真:基本设计方法［M］.2 版.北京:清华大学出版社,2022.

［6］ 吕克·若兰.移动机器人原理与设计［M］.王世伟,谢广明,译.北京:机械工业出版社,2018.

［7］ Roberto lerusalimschy.Lua 程序设计:第 4 版［M］.梅隆魁,译.北京:电子工业出版社,2018.

［8］ 刘天宋,张俊.工业机器人虚拟仿真实用教程(配视频)［M］.北京:化学工业出版社,2021.

［9］ 叶晖,等.工业机器人工程应用虚拟仿真教程［M］.北京:机械工业出版社,2014.

［10］ 陈铭钊,范邓楠,裘浙东,等.工业机器人仿真［M］.哈尔滨:哈尔滨工程大学出版社,2021.